前沿科学探索

极端物质世界

◎刘树勇 韦中燊 著

河北出版传媒集团
河北科学技术出版社

图书在版编目（CIP）数据

极端物质世界 / 刘树勇，韦中燊著. —— 石家庄：河北科学技术出版社，2019.1

（前沿科学探索）

ISBN 978－7－5375－9746－3

Ⅰ. ①极… Ⅱ. ①刘… ②韦… Ⅲ. ①科学知识－青少年读物 Ⅳ. ①Z228.2

中国版本图书馆 CIP 数据核字（2018）第 221319 号

极端物质世界

刘树勇　韦中燊　著

出版　河北出版传媒集团　河北科学技术出版社

地址　石家庄市友谊北大街 330 号（邮编：050061）

经销　新华书店

印刷　北京兴星伟业印刷有限公司

开本　700 毫米×1000 毫米　1/16

印张　16

字数　130 000

版次　2019 年 1 月第 1 版

印次　2019 年 1 月第 1 次印刷

定价　45.00 元

浩瀚宇宙奥妙无穷，大千世界无奇不有。

我们生活的这个世界，存在着无数的极端事物、极端现象、极端事件。这些极端的存在，彰显了世界的多姿多彩，更让这个世界在不知不觉之中变得玄妙无比。

人类有一颗好奇的心，这颗好奇之心驱使着我们不断地去探索这个世界中存在的种种奥秘，一个个极端的存在也随之呈现在了世人的认知之中。一粒芝麻是很小了吧！还有更小的，一粒尘埃！就我们正常的肉眼来看，这就是最小的存在了吧！但是，当更加先进的技术手段被人类掌握后，这个认知被颠覆了！于是，我们进入了更加微小的原子世界、粒子世界！极端的小，小到了无法想象的地步。但是，千万不要以为极端小的东西就一无是处了，它们表现出来的神奇，绝对会惊倒拥有好奇心的你！“上帝粒子”的踪迹，牵动了无数物理学家的心，1964 年，它的存在被英国物理学家彼得·希格斯第一次预言，直到 2013 年 3 月 14 日，欧洲核子研究组织表示，他们探测到了希格斯子（即“上帝粒子”）。2013 年 10 月 8 日，诺贝尔物理学奖在瑞典揭晓，比利时理论物理学家弗朗索瓦·恩格勒和英国理论物理学家彼得·希格斯因希格斯玻色子的理论预言获奖。

有极小，必有极大！茫茫星空，飘荡着无数的星球天体。当我们仰望星空，看到点点繁星的时候，你或许想象不到这些不起眼的星光小点事实上不仅不是小不点，反而是体型极大的超级巨星。不仅如此，在见或者不见的地方，更是隐藏着可怕的黑洞、绚丽的星云、密度惊人的白矮星，以及更为神奇的种种极端存在。

当然，我们的世界存在的极端可不仅只是极端的小和极端的大！

极端的寒冷、极端的高温、极端的能量、极端的材料！

是的，我们的世界充满了太多的极端存在，认识它们的奥妙，会让我们变得更加博识；探索它们的秘密，会让我们变得更加睿智。

但是，有一点我们必须承认，就是我们对这个世界的认知还是有限的，也就是说这个世界还有很多的极端存在没有被我们所认知，它们的奥秘、它们的神奇，仍然等待着我们去探索和揭开。或许，这本书中介绍的种种极端存在，能够激发起你更大的探究兴趣，那么，你也许就是下一个揭开自然奥秘的伟大人物！

在书中，作者讲述了一些有趣的知识，但是，作者更多的是承担一位“向导”的任务，引导读者去遨游科学的世界，领略物质世界的美妙。阅读之后你定会大开眼界，欣赏到那美妙的世界和极端的物质。在欣赏之余，我们要去追随科学家的脚步，或许，在从事科学技术工作的同时，也会使我们的生活更加精彩。

刘树勇　韦中燊

2018 年 8 月

目 录

CONTENTS

玻璃、陶瓷和塑料的神奇

碳元素的极端世界

一、极小的物质世界

在物质世界里，到底有没有最小的物质？这个话题已被人们思考并研究几千年了。曾经有人给“最小”的东西下过定义，即“其小无内”，就是小到没有内部，那当然就是最小了。不过，这个“最小”只能是一种思考，一种思辨的东西。于是，又有人提出一种寻找“最小”的方法，找一根一尺长的木棍，第一次去掉其一半，然后再去掉一半的一半，依次类推，等到再也无法去掉一半的时候，就应该是“最小”了吧！但是，这样做下去，也可能无穷无尽的。于是，很长的一段时间里，人们只好以“眼见为实”来判断，能看到的最小尺度的东西，应该算是构成所有物质的最小单元了吧！然后，随着技术的发展，新仪器的出现，使得很多原来仅凭肉眼看不见的东西呈现在人们的面前。于是，人们不断地把分割最小的物质一直深入下去，往下推……

寻找最小的物质

世间万物到底是由什么东西组成的？其实这个问题还隐

含着，何物最小？因为大的物体总能分割成较小的，较小的物体也能分解成更小的……直至最小的。过去的人们产生过很多的想法，有说是空气的，有说是火、气、水、土的。但是，在诸多的说法之中，原子论应该说是最具有先进性的。曾经在很长的时间里，人们一直认为原子就是最小的物质（结构）了。换句话说，原子概念的提出在人们认识最小物质的道路上是具有里程碑意义的。

现存的最早关于原子的概念阐述出现在古印度，大约在公元前 6 世纪的时候。相关问题在西方的文献中出现，则要晚一个多世纪，大约是在公元前 450 年，由古希腊哲学家留基伯（约公元前 490～?）提出，他的学生德谟克利特（约公元前 470～约前 380）对老师的观点进行了总结和完善。他们提出世间万物是由看不见的不可以再分割的各种形状的原子组成的。原子这个词语是德谟克利特创造的，“原子”这一术语在希腊文中是“不可分割”的意思。

在公元前 4 世纪左右，中国哲学家墨翟（约公元前475～前395）在他的著作《墨经》中也独立提出了物质有限可分的概念，并将最小的不可分单位称之为“端”。尽管印度、中国和希腊的原子观仅仅是一种哲学上的理解，但现代科学界却仍然沿用了由德谟克利特所创造的名称。

1661 年，英国科学家罗伯特·波义耳出版了《怀疑的化学家》这本书，在这本书里面他就谈到了关于原子的问题，他认为物质是由不同的“微粒”或原子自由组合构成的。

1789 年，法国大科学家拉瓦锡定义了“原子”一词，从此，原子就用来表示化学变化中的最小的单位。

英国化学家道尔顿

19 世纪初，英国化学家道尔顿在进一步总结前人经验的基础上，提出了具有近代意义的原子学说。道尔顿的原子论是建立在实验的基础上的，他在继承了古希腊的原子论的基础上，赋予了原子很多新的内容。道尔顿承认物质是由原子组成的，而且原子是不可以再分，同时是不生不灭的。除此之外，道尔顿的高明之处是他又新增加了 3 条内容：每一种元素是由一种原子组成的；同一种元素的原子的重量是相同的，不同的元素的原子重量则是不同的；原子可以按照固定的比例结合成化合物。这种原子学说的提出开创了化学的新时代，它解释了很多物理现象和化学现象。

原子是一种元素能保持其化学性质的最小单位。1897 年，在关于阴极射线的研究中，物理学家汤姆逊（1856～1940）发现了电子，粉碎了一直以来认为原子不可再分的思想。

不过，现实中的原子确实是很小的，它的直径数量级大约是 10^{-10} 米。

关于元素的概念，这可以追溯到 2000 多年前的古代社会，在中国和希腊都萌发了这种概念。

在古希腊，自然哲学家恩培多克勒（约公元前 492～前

432）认为，构成宇宙的本质是4种元素：水、火、气和土。从物理上讲，这种将宇宙本原的物质分类是有价值的。火既辐射热，又辐射光，古人便将火看成一种很独特的元素；而另外3种则反映着：气——气态，水——液态，土——固态。这是物质存在的3种基本形态。在先秦，中国的一些先哲也提出过“五行”的观念。“五行”也相当于5种最基本的元素。它们是金、木、水、火和土。与元素相比，中国古人对水、火和土的认识与古希腊人差不多；木属于植物一类，木的特殊性在于它有活性，可变化（生长），所以就把木专门归为一类；金的性质不同，它的延展性很好。从近代化学来说，金属类是真正的元素，并且是最多的元素。

从今天的眼光看，化学元素主要强调对原子的分类，而这样的分类可有两种。一种是从化学上不可区别的原子，另一种是从化学上可区别，但化学性质具有一定的相似性。

从古代到17世纪中叶的2000多年的探索，人们提出了一些新的元素或新的元素定义，例如，德国医药化学家贝歇尔（1635～1682）认为，最基本的元素是硫、汞（水银）和盐。他提出了3种“土”的理论，“石土”“汞土”和“油土”。“石土”（也称为“玻璃土”）是一切物质中固定的“土”，相当于盐元素（当时把盐看成元素）；“汞土”是流动的土，相当于汞元素；“油土”是一切可燃性物质中的“土”，相当于硫元素。

英国化学家波义耳（1627～1691）提出了新的元素观点。他的元素定义是：物质是由许多微小、致密、用物理方法不可分割的微粒组成的。

这就是说，元素是“确定的、初始的、简单的、完全未混合的物体”。对于称为“元素”的东西，波义耳认为，元素“不是彼此互相构成的，而是由它们构成一切所谓的混合物体，而这些混合物体归根到底可以分解为其组成部分”。波义耳的物质定义为研究指出了方向，并且到了19世纪初，英国化学家道尔顿（1766～1844）提出了科学的原子概念。这样，人们就开始了各种矿物中的元素研究。

其实在18世纪末，著名的法国化学家拉瓦锡（1743～1794）就列出了一张元素表，人们可以借助这张表去研究元素和物质。经过几十年的发展，一些人不断提高化学分析技术，不断有新的元素被发现；同时，另一些人则试图设计一些新的元素表，将这些新发现的元素填入表格，希望能将元素的化学性质和物理性质表现出来。

在19世纪上半叶，英国的戴维（1778～1829）、瑞典化学家贝齐里乌斯（1779～1848）和德国化学家本生（1811～1899，很多人知道他发明的“本生灯”）为元素的发现和原子量的测定做出了贡献。此外，在元素的发现与研究过程中，有一项非常关键的工作，那就是原子量的精确测量。到19世纪中叶，已有几十种元素被发现，并且对它们的原子量也进行了较为精确的测定。同时，还有一些“好事者”试图把这些元素作一个排列，通过这样的排列，一方面可以方便人们查找元素的性质和一些重要的数据，另一方面可以从整体上发现或了解元素之间的关系。就像德国科学家开普勒在研究行星运动的规律一样，每个行星的“独唱”要和谐，即遵从行星运动的第一定律和第二定律；在几个行星进行“合唱”时，行星的集体行为仍然是和谐的，即遵从第三定律。

由于元素的数目远多于行星的数目，进行“排列”工作要繁琐得多，所以，有许多人做过尝试，所列的表格都各有特点。

到19世纪60年代，俄罗斯化学家门捷列夫和德国化学家迈耶（1830～1895）做出了新的“表格”，其中尤以门捷列夫的研究更好些。

门捷列夫（1834～1907）注意到，一些元素的原子量是不同的，但是它们的化学性质基本上相同。门捷列夫将它们归并为同一“族”。经过长时间的研究和排列，通过这样的归并，一共得到了7个“族”。从今天的“（周期）表格”看，这样的“族”可排列成纵列。如果从横排看，可以反映出每“排”元素渐进的变化，最典型的卤族（第Ⅶ族），它们的氧化性随着周期的变化而变得越来越弱，尽管它们分处不同周期时，其氧化性还是最强的。

在门捷列夫的时代，化学元素周期表并不是被填满的，其中是有一些“空位”的。而许多人对这些“空位”，或是“熟视无睹”，基本上没有什么认识，或是认为，这是实验工作者的任务，只能假以时日，一味地“等待”。作为一位成熟的科学家，门捷列夫对此进行了深入的思考。他要发挥理论应有的作用，即对实验工作给予有益的指导。为此，在研究这些“空位”之后，他给出了“预言”。由于它们（3个）的“空位”与硼、铝和硅的位置相近，他猜测它们的性质与硼、铝和硅也应该接近。所以，门捷列夫就为它们起了临时的名称，即“类硼”“类铝”和“类硅”。只几年的时间，它们都被发现了，并分别被命名为钪（Sc）、镓（Ga）和锗（Ge）。有趣的是，发现钪、镓和锗的3位科学家都是“爱国主义者”（或“民族主义者”），他们之所以选择了钪、镓和锗，这是他们的祖国名称。其中钪（Sc）的发现者是瑞典的尼尔森，他把新发现的元素命名为Scandium，这个字来源于斯堪的纳维亚。镓（Ga）的发现者是法国自学成才的化学家布瓦博朗德（1838～1912），他起的名字是Gallium，意思是“古代的法国”。锗（Ge）的发现者是德国分析化学家文克勒（1838～1904）。他起的名字是Germanium，意思是“日耳曼”。

在这3个元素中，镓的发现是有些戏剧性的。当布瓦博朗德公布他的发现之后不久，他接到了门捷列夫的一封信。在信中，门捷列夫指出，布瓦博朗德的测量数据有问题，并且“纠正”了布瓦博朗德的数据。看过信之后，布瓦博朗德感到很奇怪；不过，布瓦博朗德还是重新进行了测量，果然，新的数据与门捷列夫算出的数据更加接近。

门捷列夫的“预言”得到证实，大大消除了人们对化学元素周期律的疑虑，也消除了人们寻找新的元素时的意外性、盲目性和偶然性，而按照化学元素周期表去寻找新的元素不失为一种新的途径和新的方法。同时，这也启发人们按照化学元素周期表来“设计”新的化合物，而且也会消除研究工作中的盲目性和偶然性。

中子的发现

虽然对元素周期性质的认识对化学理论的发展产生了极大的促进作用，但是，到19世纪末，由于物质的放射性的认识和电子的发现，使人们对原子的认识更加深入了，进而对元素以及元素与元素之间的关系也认识得更好了。

英国籍新西兰物理学家卢瑟福（1871～1937）和英国化学家索迪（1877～1956）的研究工作，在推进元素的认识中走在了前列。他们在分析众多的放射性元素时，由于要在元素周期表中“安置”它们，这可不是一件容易的事情。不久，索迪提出了“同位素”的概念，卢瑟福经过分析也弄清楚了“原子序数”的本质。

经过卢瑟福的研究工作，所谓“原子序数”就是原子核中的质子数。然而，从卢瑟福的原子的“核式”模型看，将一个原子核的全部质子的质量从原子核的总质量减去，所剩下的质量并非很小的数。为此，卢瑟福猜测，在原子核内一定存在着未知的粒子，它们有可能是不带电的粒子。具体来说，可能会存在两种情况。一种情况是，原子核内会存在一种不带电的粒子；另一种情况是，原子核内有两种粒子，还可能是两种已知的粒子，如质子和电子，它们俩构成一种不带电的“复合”粒子。例如，一种元素的原子量是A，质子数（即原子序数）是Z；则在原子核内还有A～Z个质子，可以设想成，在原子核内还应有A～Z个电子，这A～Z

“复合”粒子也可以显示是不带电的。

在卢瑟福提出他的“猜想”之后，他曾经指导学生去寻找原子核内的未知粒子，但未果。

到20世纪30年代，人们知道原子核内的未知粒子是中子。关于中子的发现过程还是比较曲折的。

在20世纪20年代，两位德国的研究人员进行了一个实验。他们从钋放射源中得到α粒子（它相当于一个氦原子核），再用α粒子打到铍靶上；α粒子打中铍靶后，使铍产生了很强的辐射，并且是电中性的。

不久，法国的约里奥—居里夫妇（1900～1958、1897～1956，即老居里夫妇的女儿和女婿）也重复了这个实验。不过，他们略作了改进。他们在铍靶之后又放了一块石蜡板。结果，他们发现，所产生的辐射更强了。约里奥—居里夫妇仔细测量之后，石蜡板后面的粒子是质子流。他们也认为，α粒子打击铍靶，所打出的是辐射（也可以说是γ光子流）。

他们的结果发表出来之后，受到卡文迪什实验室的查德威克（1891～1974）的注意。

查德威克是卢瑟福的学生，他很熟悉老师关于原子核内存在中性粒子的假设。当他看到约里奥—居里夫妇的实验结果时，他感觉有一些问题。他就找到卢瑟福讨论。卢瑟福听过查德威克的分析之后，觉得有道理。查德威克认为，从铍靶打出的粒子不是γ光子流，因为γ光子的静止质量为零，它们没有那么大的动量（mv），不可能再从石蜡板中打出质子。能从石蜡板中打出质子的粒子很可能是卢瑟福曾经预言的（原子核内的）“中性粒子”。

说干就干。查德威克的实验很快就完成了，并且对结果进行了认真的分析。果然，α粒子打击铍靶打出的就是一种中性粒子，而且就是卢瑟福曾经预言的那种粒子。这就是中子。它的质量比质子的质量略大些，当中子打到质子时，由于它们的质量差不多，中子把质子“置换”出去。

这就像小男孩玩“弹（tán）球”的游戏。当拿一个小球去撞击一个大球，小球撞上大球时，大球“岿然不动”，小球却被撞回来了。当拿一个大球去撞击一个小球，大球撞上小球时，大球与撞上的小球都会往前运动，但小球往往会跑得更快，也跑得更远。但是，用一个球撞另一个球，如果它们俩的质量差不多，当撞者撞到另一个球时，被撞者就像撞者一样，“继续”向前行进，而撞者则停止在被撞者的位置上。

由此可见，质子就像静止在石蜡板中的被撞者，当中子撞击它时，中子就取代质子的位置，静止在原来质子的位置上，而质子则被打了出来。所以，查德威克前面的研究人员都错了，他们认为，α粒子打击铍靶，打出的是一种强辐射（即光子流），是弄错了；特别是约里奥—居里夫妇认为，强辐射把石蜡板中的质子打出来，分析是有问题的。

由此可见，人们在实验中自觉或不自觉地受到实验者脑中的理论的“指导”，不管这种理论是否有问题。当中子被发现之后，一些科学家马上就提出新的原子（核）模型，即原子由中心处的原子核与核外的围绕原子核旋转的电子构成；而原子核中有两种粒子：质子（带正电）和中子（不带电）。由于质子数与核外电子数相等，从整体上看，原子是不显电性的。这样的原子模型与我们在化学或物理学的学习中所掌握的知识完全一样。这样的知识产生于20世纪30年代，距今已有80年了。

应该说，约里奥—居里夫妇为中子的发现所做的实验工作是至关重要的。遗憾的是，在为中子发现者颁发诺贝尔奖时，他们的工作却被忽视了。

中子被发现之后，不仅使人们对原子结构有了更加深入的认识，而且中子不带电，它不像质子或α粒子，由于后者带正电，它们在接近原子核时会受到很强的电斥力。中子则不会受到这样的电斥力，人们马上就认识到，用它打击原子核是一种理想的“炮弹”。

很快，意大利著名的物理学家费米（1901～1954）就用中子分析原子核，并且他们发现了大量的、新的同位素。本来在元素周期表中，每个位置中已有几个“同位素”。由于费米的人为“干涉”，他们用中子打击各种元素的原子核，发现了更多的同位素，至今发现的同位素已有上千种。有的一个元素位置中，要有十余个同位素“挤”在一起。

如此多的同位素，这使元素（如波义耳的）定义出现了问题。为此，美国科学家鲍林（1901～1994，曾经获得1954年度的诺贝尔化学奖，还获得了1962年度的诺贝尔和平奖）给出过一个新的元素定义。他认为，“元素是具有相同原子序数的原子的总称（物质的种类）”。同位素是指在元素周期表中处于同一位置的元素，也就是说，原子序数相同、质量数不同的核素。

在同位素中既有元素的术语，又有“核素”的术语。“核素”是什么呢？“核素”是用原子序数和质量数来表示的，它可以表达成原子核的种类，即原子序数相同，但质量数不同。它的表达形式是：氢-1写成H^1，氢-2写成H^2，铀-235写成U^{235}，铀-238写成U^{238}……这就是说，它们分别是质量为1的氢，质量为2的氢，质量为235的铀，质量为238的铀……有时也把原子序数写上，即H_1^1，H_1^2，U_{92}^{235}，U_{92}^{238}……

元素周期律的建立对于人们进行物质的合成具有指导的意义，像著名的汽油防爆剂四乙基铅（今已停止使用）和制冷剂氟利昂（今也已停止使用）的开发，就是研究人员（他们并非正规的化学家）对照元素周期表“按图索骥”式地做出了发明。并且，元素周期性质的认识，使人们对于元素之间的关系认识得更加清楚。作为化学元素之间的关系，虽然门捷列夫最初是用原子质量的变化来体现元素性质的周期变化。这种变化也体现出一种“对称性”。

●更小的粒子——电子

早在古希腊时期，也就是大约公元前600年的时候，古希腊的米利都人最早注意到摩擦过的琥珀能吸引轻小物体的现象。在我国的东汉时代，一个叫王充（公元27～100）的人也记载了琥珀被摩擦后吸引轻小物体的现象，他还把这种现象和磁石吸铁现象并列在了一起。

近代关于电的研究可以说是从英国王室的御医和物理学家吉耳伯特（1544～1603）开始的。他通过实验发现，不仅琥珀经过摩擦后能够吸引轻小物体，而且还有许多物质如金刚石、水晶、硫黄、玻璃、松香等在摩擦后也有“琥珀之力”。于是，吉耳伯特就根据希腊文“琥珀”一词创造了“电”这个名称。但是，这都是通过摩擦的方法获得的电，并且这些电也没有办法大量地存储起来。所以，一直到了荷兰莱顿大学的物理学教授彼德·穆森布罗克（1692～1761）发明了储存电荷的“莱顿瓶”，人类才能够继续进一步地研究电的问题。

1800年，意大利人伏打（1745～1827）发明的“伏打电堆”（也叫“伏打电池”）解决了电源的问题，这个电源可以长时间提供持续平稳的电流，因此，“伏打电堆”使得电学进入了一个新的时期。后来，英国物理学家法拉第（1791～1867）又研制出了发电原理，使得长时间维持大量电流变得更加容易。人们也就可以进一步研究电的奥秘问题了。

我们现在都知道，电流是电荷都向一个方向运动时形成的，而在一般的金属导体中，能够自由移动的电荷就是自由电子。电子是比原子更小的粒子，甚至于它的发现打破了人们对最小物质结构的认识。下面，我们就简单地回顾一下这段发现的过程吧！

人们之所以能够发现电子，这是因为研究阴极射线的缘故。人们研究阴极射线，又是因为对放电现象的研究。19世纪50年代，德国人在一支空气含量万分之一的玻璃管两

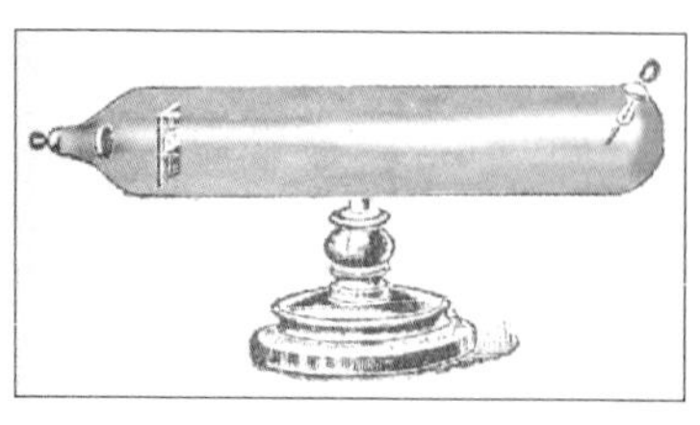
阴极射线管

端装上两根白金丝，当在两电极之间通上了高压电时，就看到了辉光。这其实是一种放电现象。后来，德国物理学家尤金·戈尔德斯坦（1850～1930）把不同的气体稀释充入真空管，并且用不同的金属材料，制作成了各种形状和大小的电极，但都得到同样的实验结果。于是，他认为，这种辉光放电现象与电流本身有关，而且都是从阴极表面发出的，所以就把它命名为“阴极射线”。可是阴极射线到底是什么呢？然而，要进行进一步的研究却需要真空度更高的真空管才行。

在1878年，英国人威廉·克鲁克斯（1832～1919）利用一种水银真空泵，制造出了气体含量更少的真空管，被人们称为“克鲁克斯管”。这种真空管的出现，使得人们对阴极射线的研究有了更新的进展。通过对这些新发现的研究，英国物理学家逐渐认识到阴极射线也许是一种带电粒子流。

1895年，法国科学家佩兰（1870～1942）发现阴极射线能够使真空管中的金属物体带上负电荷，这一发现支持了克鲁克斯关于阴极射线是带电粒子流的理论。而早在1893年，德国物理学家赫兹（1857～1894）曾经试图利用静电场使阴极射线发生偏转，但是没有取得成功。1897年，剑桥大学卡文迪什实验室的汤姆逊重新进行了赫兹的实验，他发现赫兹失败的原因是因为真空管的真空度不够高。于是，他使用了真空度更高的真空管和更强的电场，终于观察到了阴极射线的偏转，还计算出了阴极射线粒子（电子）的质量与电荷的比值，因此获得了1906年的诺贝尔物理学奖。汤姆逊采用1891年乔治·斯托尼（1826～1911）所起的名字——电子来称呼这种粒子。汤姆逊还认为，它是各种原子的组成部分。就这样，电子作为人类发现的第一个比原子更小的粒子被发现了，它的发现深化了人们对最小物质结构的认识。不仅如此，它还似乎给人们一种暗示，是不是我们还可以在寻找最小物质的道路上走得更远一些！

电子的发现者汤姆逊

汤姆逊是英国物理学家，1856年12月18日出生于英国的曼彻斯特。父亲是一个专印大学课本的商人，由于业务的关系，父亲结识了一些大学教授。汤姆逊从小学习就很认真，14岁便进入了曼彻斯特一所专科学校。在大学学习期间，他刻苦钻研，学习成绩很好。1876年，21岁的汤姆逊进剑桥大学三一学院学习，1880年，他以第二名的优异成绩取得学位，两年后又被任命为大学讲师。

1884年，28岁的汤姆逊担任了卡文迪什实验室物理学教授。1897年，汤姆逊在研究稀薄气体放电的实验中，证明了电子的存在。1905年，他被任命为英国皇家学院的教授；1906年荣获诺贝尔物理学奖，1916年任皇家学会主席。1940年8月30日，汤姆逊逝世于剑桥。终年84岁。

汤姆逊证明了电子的存在之后，电子所带的电荷量到底是多少，还未确定下来。

汤姆逊的学生威耳逊（1869～1959）运用云室中的空气电离的方法，以求出电子所带的电荷量。威耳逊进行了11组测量，但是由于实验的方法尚有缺陷，所得到的结果并不理想。

密立根像

1907年秋，美国物理学家密立根（1868～1953）和他的学生一起重复了威耳逊的实验。为了使云雾能够悬浮在空中不下落，他们使用了10 000伏的蓄电池组，电流所形成的电场，使云雾立即发散开来，只留下了少数几个孤立的水滴。他们很快发现这些单个的水滴更适合测量，恰好使向下的重力与作用在电荷上的电场力相平衡，于是形成了“平衡液滴法”，这是一个很重要的进步。电场突然撤去后，有些水滴缓慢下降，他由下降速度得出水滴的电量。密立根发现，所有测量值都是某一电量的整数倍。由于水的蒸发经常使水滴的质量发生变化，所以，密立根改用过酒精和一种特殊处理过的机油，但问题始终未能解决。1909年8月，他在英国参加一个会议后，在返回芝加哥的途中，望着车窗外的原野，他突然自言自语地说：“用这种粗糙的方式消除水滴的蒸发是多么愚蠢！人们为了获得极难蒸发的润滑油以改善钟表油已经付出了整整300年的时间！”为此，他改用了钟表油喷雾法，用望远镜观察油滴下落速度。他将两个直径约 22 厘米的圆形黄铜片，使之保持 16 毫米的间距，通过喷出的油滴落到两板之间。当加上和去掉电场时，他可以连续几小时测量油滴的速度变化。

1912 年，密立根收集到了大量数据；1913 年，他发表了电子的电量值约为 1.591×10^{-10}库仑。密立根认识到，电子本身既不是一个假想的，也不是不确定的，而是一个“我们这一代人第一次看到的事实”。他在诺贝尔奖获奖讲演中强调了他的工作的两条基本结论，即“电子电荷总是基本电荷的确定的整数倍而不是分数倍”和“这一实验的观察者几乎可以认为是看到了电子”。

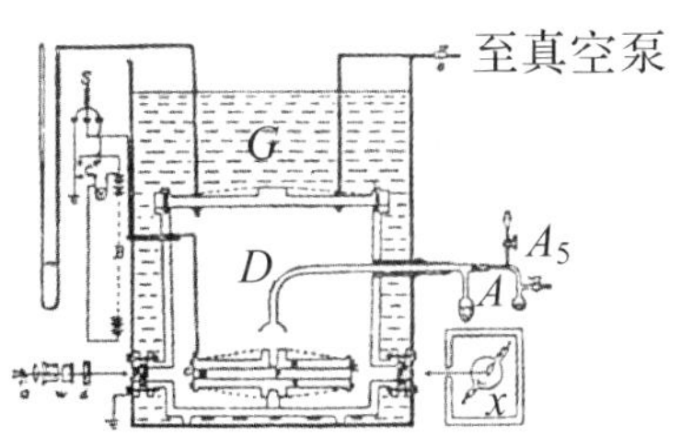

油滴实验原理图

密立根有一位中国学生，名叫李耀邦。他的研究工作是测量电子电荷。他选用了不同的材料，甚至是固体的细小颗粒。李耀邦的成功证明了电子电量是一个固定值，不因材料的不同而受影响。李耀邦也因此获得了博士学位。

第一个反粒子——正电子

自然界存在两种电荷，一种是正电荷，一种是负电荷。当人们发现了带负电的电子之后，英国物理学家狄拉克（1902～1984）猜想，自然界应该存在一种质量和电荷与电子相等，但所带相反的电荷的“反电子”。

20世纪初，人们观察到一种很奇怪的现象：一个带电的物体，过一段时间后，它所带的电荷就会慢慢地消失。开始，人们以为是这个物体周围存在某种很强的射线，使周围的空气发生电离，使物体所带的电荷渐渐消失了。可是物体附近根本就没有能产生射线的东西存在。是不是因为地壳中微量的放射性元素引发的呢？但很快有人指出，地壳中的放射性元素产生的射线离地面一定高度，很快就减弱了。为了进一步验证，一个叫高凯耳的人进行了一个实验。1909年，他乘坐一个大气球，将带电的验电器带到了几千米的高空中。在气球上升时，开始确实看到验电器上的电荷消失的速度在不断减慢。但是，当气球上升到某一个高度时，验电器上的电荷消失的速度突然变快，气球升得越高，电荷消失的速度越快，这说明空气中的射线不仅没有减少，反而增多了。这就令人感到意外了！

为了弄清原因，在1911年，奥地利的物理学家赫斯（1883～1964）在飞行俱乐部的朋友的帮助下，他们制作了10个大气球，把它们送到了5000多米的高空中，以探测空气的电离情况。在气球上升时，与高凯耳观察到的一样。赫斯还发现，这与白天和黑夜没关系。所以，他认为，这些射线并非来自地下，而是来自天外。这样，赫斯第一次发现了宇宙辐射的存在，后来人们就把这种看不见且很神秘的“天外来客”称为“宇宙射线”，或简称为“宇宙线”。

大约就在赫斯发现宇宙线的同时，汤姆逊的学生威耳逊发明了一种研究粒子的重要装置——云室。他研究这种云室就花了十余年的时间，在 1911 年研制成功。所谓“云室”就是一种充满蒸汽的容器。由于蒸汽是过饱和的，当微小的带电粒子穿入充满这种过饱和蒸汽的云室时，在这些粒子周围会聚集着一群细小的液珠，并在粒子径迹上形成一串气泡串儿。这就显示出粒子的径迹了。

1930 年，安德森（1905～1991）开始在密立根的指导下研究宇宙线。与别人的研究不同的是，安德森在他的研究中应用了云室。

安德森使用了一块铅板，用以隔开云室。这块铅板可使宇宙线中的粒子速度放慢。这放慢速度的粒子被引入磁场中，它们在磁场中发生了明显的弯曲。如果没有铅板，宇宙线中的粒子速度太大，它们几乎就会径直穿过云室。

安德森发现正电子的照片

1932 年，安德森在云室中发现，有一种粒子的行为很像是飞奔的电子，但它弯曲的方向与电子正相反。怎样解释这种现象呢？安德森认为，这很可能是一种带正电的“电子”，它与电子的不同只是带的电荷相反，别的都一样。

后来发现，这正是著名的英国物理学家狄拉克预言的“反电子”，即电子的“孪生兄弟”——“反电子”。

命名“反电子”的名称容易，但它的身份是否能得到确证则是另一回事。谁知道，只几年后，年轻的安德森就在实验中偶然地从宇宙线中发现了它。不过安德森并不知道狄拉克的研究结果，与狄拉克的想法不一样，因为新粒子带正电，那就叫它“正电子”吧！结果，大家都叫这种粒子为“正电子”，“反电子”的名字就逐渐被人们遗忘了。

由于赫斯和安德森的发现，他们获得了1936年的诺贝尔物理学奖。

构成原子核的核子

构成原子核的核子有两种，第一种是质子。作为质子发现人的卢瑟福，他用α粒子轰击氮原子核，他借助闪光探测器记录到了氢原子核的径迹。卢瑟福认识到，这些氢核可能来自氮原子，因此氮原子必须含有氢核。他因此建议原子序数为1的氢原子核是一个基本粒子。此后（1919年），卢瑟福到剑桥大学上任，担任卡文迪什实验室主任，而汤姆逊就任剑桥大学的一个学院的院长去了。

卢瑟福

1871年8月30日，卢瑟福出生于新西兰纳尔逊的一个手工业工人家庭，并在新西兰长大。后来，他进入了新西兰的坎特伯雷学院学习，23岁时获得了3个学位（文学学士、文学硕士、理学学士）。1895年，他获得英国剑桥大学的奖学金，并进入卡文迪什实验室学习，成为汤姆逊的研究生。1898年，在汤姆逊的推荐下，他开始担任加拿大麦吉尔大学的物理教授。他在那儿待了9年，于1907年返回英国出任曼彻斯特大学的物理系主任。1919年接替老师汤姆逊，担任卡文迪什实验室主任。1925年当选为英国皇家学会主席。1931年受封为纳尔逊男爵，1937年10月19日因病在剑桥逝世，享年66岁。他被葬在威斯敏寺，与牛顿和法拉第并排安葬。

质子带着一个单位的正电荷，它的电荷量是1.6×10^{-19}库仑，与电子电量相等。质子的直径大约为1.6×10^{-15}米，质量是938百万电子伏特，相当于1.6726×10^{-27}千克，大约是电子质量的1840倍。到目前为止，质子被认为是一种稳定的、不衰变的粒子。但也有理论认为质子可能衰变，只不过其寿命非常长。反正，到今天为止物理学家还没有能够获得任何可能理解为质子衰变的实验数据。

质子是核物理和粒子物理实验研究中用以产生反应的很重要的轰击粒子，在核物理中质子常被加速，在粒子加速器中用来与其他粒子碰撞，为研究原子核结构提供了极其重要的数据。慢速的质子也可能被原子核吸收用来制造人造同位素或人造元素。

中子是构成原子核的第二种核子。中子是不带电的，它的质量为1.6749×10^{-27}千克，比质子的质量稍大。它是一个非常重要的微观粒子，在整个原子世界中扮演着十分重要的角色。它的发现使原子核物理学进入了一个新阶段，正是借助于中子，人类打开了核能利用的大门。

早在中子被发现之前，卢瑟福对它的存在做出了预言，最著名的是他在1920年6月的一篇报告中提出了关于“中子”存在的假设。不过，卢瑟福认为，这种中性粒子不是别的，就是质子和电子的结合体。这个预言对他的学生和合作者查德威克产生了很大的影响，查德威克曾对这个中性粒子进行了认真的探索。查德威克试图在氢气放电实验中找到中性粒子的存在，可惜一直没有找到。

1930年，在卢瑟福做出预言10年后，情况发生了变化。德国和法国物理学家用α粒子轰击较轻的元素时，发现了一种穿透能力很强的射线，它能穿过较厚的铅板。对查德威克产生了影响，他立即意识到α粒子轰击元素铍时所产生的射线可能就是他一直寻找的中性粒子。查德威克用钋作α粒子源，安装了新的探测器，并开始了紧张的实验。查德威克通过实验和分析，宣告了中性粒子的发现。他把这种不带电荷的粒子命名为“中子”。中子作为一个新发现的粒子，是通过α粒子把它从铍原子核中打出来的，这就说明原子核中有中子。

查德威克于1891年出生在英国，毕业于曼彻斯特大学。他沉默寡言，但坚持自己的信条：会做则必须做对，一丝不苟；不会做又没弄懂，绝不下笔。因此他在上学时有时难以按时完成物理作业。正是他这种不羡慕虚荣和实事求是的精神，使他受益一生。

查德威克

进入大学的查德威克，由于基础知识的扎实而在物理研究方面崭露头角。他被卢瑟福看中，毕业后留在曼彻斯特大学物理实验室，在卢瑟福指导下从事放射性研究。1923 年，他因原子核带电量的测量和研究取得出色成果，被提升为剑桥大学卡文迪什实验室副主任。1935～1948 年任利物浦大学教授。1939～1943 年参加“曼哈顿工程”。1935 年因中子的发现而获诺贝尔物理学奖。1974 年 7 月 24 日去世。

单独存在的中子是不稳定的，平均寿命约为 16 分钟，它要发生衰变。

困惑科学家几十年的中微子

从运动学理论可以知道，当一个粒子衰变为两个粒子时，动量和动能守恒，所以末态粒子的能量应为确定值。1914 年，英国物理学家查德威克在实验中发现，β 衰变中放出的电子，有各种不同的能量。对这一奇特现象，德国著名的女物理学家迈特纳认为：原子发射的电子能量都具有观察到的最大值，最终观察到的是电子经过别的过程损失一定能量后的次级电子。但实验结果表明，看不到次级发射的其他能量。由此可见并没有什么次级过程起作用的迹象。

面对这种困惑，玻尔对能量守恒理论提出质疑。玻尔的主张遭到激烈的反对，狄拉克表示：“我宁可不惜任何代价来保持能量的严格守恒。”泡利也不同意玻尔的观点，1930 年，他提出：β 衰变中，可能存在一种电中性的粒子带走了电子一部分能量。泡利的这一建议是很大胆的，因为这样的粒子是很难直接探测出来的，但这一假设最终使人们摆脱了有关核结构理论及β衰变所遇到的困境。

1933年10月的索尔维会议上，泡利再次介绍了他对这个新粒子的看法。尽管海森伯还持有怀疑态度，费米却对它做了肯定，并且已经认识到它与中子的区别。会议后的仅两个月，费米即在核的质子β中子模型的基础上，发表了有关β衰变的理论。不仅圆满地解释了整个β衰变过程，澄清了有关β衰变的疑难，同时也确立了有关核结构的理论。按照费米的理论，在β衰变里，中微子总是和电子在一起放出来，它们不都是原子核中原有的成分。基本的β衰变可以写成：

$$n \longrightarrow p + e + \nu_e$$

其中的p是质子，n是中子，e是电子，ν_e是反中微子。

1934年，约里奥·居里夫妇用α射线照射^{27}Al，结果除了发现当时有中子产生外，移去射线源后，靶物质还继续发出正β射线，从而第一次获得了人工放射性。方程为：

$$^{27}Al + ^{4}He \longrightarrow ^{30}P + ^{1}n$$

$$^{30}P \longrightarrow ^{30}Si + e^{+} + \nu_e$$

同年，人们发现，在费米理论的相互作用里，允许原子核里发生如下过程：

$$p \longrightarrow n + e^{+} + \nu_e$$

这些实验证实了费米β衰变理论的正确性，同时能量守恒定律又一次获得确认。

中微子只参加弱相互作用，且穿透能力极强，几乎可以不受任何阻碍地穿过地球。这使得中微子探测极为困难。

1941年，中国物理学家王淦昌首先提出了一种反冲测量的方法。这是一种确定中微子的间接方法。他指出："当一个β^+放射性原子不是放射一个正电子，而是俘获一个K层电子时，反应后的原子的反冲能量和动量仅仅取决于所放射的中微子，原子核外电子的效应可以忽略不计。于是，只要测量反应后原子的反冲效应对所有的原子都是相同的。"1942年，美国物理学家艾伦按照王淦昌的方案进行了测量，取得了肯定的结果，但并未完全成功。1952年，罗德拜克和艾伦又重新进行了K俘获实验，测出了原子的反冲能。这一年戴维斯成功地重复了艾伦1942的实验，也获得了成功。这样，确定中微子存在的间接检验得到了实验上的支持。

在核反应中，中微子的发射数量级极大，它们是在核裂变中子产物的β衰变中产生出来的。通过对核裂变产物的探测，有可能看到中微子的存在。1956年，这个中微子终于被洛斯阿拉莫斯实验室的美国物理学家柯恩与莱因斯（1918～1998）首先在核反应堆中检测到。最后的实验是他们在1959年美国原子能委员会所属的赛凡纳河工场完成的，这个实验确实巧妙地证实了反中微子的存在，它的结果很快被粒子物理学界承认，它也被列为20世纪物理学的重要实验之一。莱因斯也因此获得了1995年的诺贝尔物理学奖。

为了进一步探测中微子，人们把目光转向了宇宙。最早进行实验的是美国布鲁克海文国家实验室的物理学家戴维斯等人，他们首先用四氯化碳（C_2Cl_4）作为探测介质，中微子与之相撞后：

$$\nu_e + {}^{37}Cl \longrightarrow {}^{37}Ar + e$$

反应生成^{37}Ar，Ar 是惰性元素，一旦生成后便自动脱离氯分子，聚合为小氩气泡。^{37}Ar 具有放射性，即使量很小，也能因为它具有的放射性而被识别出来。戴维斯利用这个装置终于证实了中微子的存在。1958 年，李政道、杨振宁、费因曼和莱德曼等人发现，μ 子与电子十分相似，只是二者的质量不同。这相似性意味着什么呢？1959 年，美苏科学家找到了获取大量中微子的办法，即用加速器产生高能质子，再用这些质子轰击适当的靶，通过产生大量 π 介子衰变获得大量的中微子。

1962 年，美国的施瓦茨（1932～2006）、莱德曼和斯坦博格在布鲁克海文的加速器上的实验中证实了 ν_e 和 ν_μ 是两种不同的中微子。70 年代中期，在美国斯坦福的直线加速器中心的名叫 SPEAR 的正负电子对撞机中，佩尔小组发现了一种新的轻子——τ 子，其质量为 1777 兆电子伏，与电子、μ 子是同一家族，同时，还得到了另外两种中微子——ν_τ 和 $\bar{\nu}_\tau$。中国高能物理研究所的郑志鹏等人在北京正负电子对撞机上也对 τ 子的质量进行了重新测定，得到十分精确的数值。这样中微子的家族就有了 6 个成员：ν_e、$\bar{\nu}_e$、ν_μ、$\bar{\nu}_\mu$、ν_τ、$\bar{\nu}_\tau$。为了确定自然界中中微子的种类，70 年代以来科学家们通过很多途径进行研究：对恒星演化的研究、对宇宙中 He 丰度的研究、对超新星爆发的电子中微子总能量的研究等，中微子由电子中微子、μ 子中微子和 τ 子中微子等 3 种中微子组成。

1987 年 2 月 23 日 7 时 23 分随着超新星爆发，SN1987A 的中微子到达地面而诞生了中微子天文学。

SN1987A是人类观测到银河系外第一个中微子发射源，随着更大型中微子探测装置的建立，人类将获得更多的来自宇宙深处的中微子的信息。天体内部的信息只有中微子才能带出来，中微子天文学将在21世纪大放光彩。

海鸥的叫声——夸克，成了最小粒子

就现在的认识水平来看，夸克是最小的物质粒子之一。谈到夸克这个名称，的确有一段很有意思的插曲。给夸克这个小东西取名字的是美国物理学家默里·盖尔曼，“夸克”一词来自于詹姆斯·乔伊斯小说《芬涅根的祭礼》中海鸥的叫声。所以，当盖尔曼将文章寄给《物理快报》时，该杂志拒绝发表。因为编辑看到这篇短文竟然有着一个奇怪的名字“夸克”，编辑觉得这又不是小说，这种漫无边际的想象，是不宜写入科学论文的。这样，盖尔曼只得将文章转投到了欧洲的《物理学快报》，庆幸的是，在这里得到了发表。

盖尔曼认为，夸克是构成已发现的强子（如质子和中子等）的更基本的粒子，也称为“夸克子”或“夸克粒子”。这些更基本的粒子像“积木块”一样，它们可以按照一定规则搭建。最初，盖尔曼提出了3种夸克，它们分别是u夸克（上夸克）、d夸克（下夸克）和s夸克（奇异夸克）。

最有趣的是，夸克具有分数电荷。这与密立根的测量电子电荷的结果并不相同。密立根认为，“电子电荷总是基本电荷的确定的整数倍而不是分数倍”。但盖尔曼的夸克却不是这样的。上夸克的电荷为$\frac{2}{3}$e，下夸克的电荷为$-\frac{1}{3}$e，奇异夸克的电荷为$-\frac{1}{3}$e。

对于核子来说，2 个下夸克和 1 个上夸克构成一个中子，可以写作（udd）；构成质子的夸克为（uud）。所以，中子的电荷为 0，质子的电荷为+1。

盖尔曼

1929 年 9 月 15 日，盖尔曼出生于纽约的一个犹太家庭里。童年的盖尔曼兴趣十分广泛，很早就成为街区里有名的神童——他的同学认为他是“会走路的大百科全书”。到 14 岁时，他想报考耶鲁大学，父亲问他想学什么专业，“我回答说，‘只要跟考古或语言学相关就好，要不然就是自然史或勘探’，父亲的第一反应是‘你会饿死的’”。时值 1944 年，战争时期的美国经济状况并不理想，他的父亲强烈建议他学“工程”。然而，具有讽刺的是，在经过能力测试后，盖尔曼被认为适合学习“除了‘工程’以外的一切学科”。于是他父亲建议：“我们为什么不折中一下，学物理呢?”正是这个“折中”造就了后来的夸克理论提出者、1969 年诺贝尔物理学奖获得者和“统治基本粒子领域 20 年的皇帝”。1948 年，盖尔曼获得学士学位，然后就进入麻省理工学院继续深造，3 年后，不到 22 岁的盖尔曼在麻省理工学院获得博士学位，随后被“原子弹之父”奥本海默带到普林斯顿高等研究所做博士后。后来曾在费米领导的芝加哥大学物理系授课，并被提升为副教授。1955 年，盖尔曼在博士后研究结束后曾有机会去芝加哥大学任教，“可惜费米前一年死了”；他也曾想到丹麦的玻尔研究所，“可惜他们没有博士后制度而只让我做教师或学生”，所以最好的选择是去加州理工学院，“那里有费曼”。就这样，盖尔曼不到 26 岁就成为加州理工学院最年轻的终身教授。

20 世纪 60～70 年代，世界上建立起一些能量更高的加速器，这为研究强子结构提供了更好的条件。1974 年 8 月，美籍华裔物理学家丁肇中的研究小组在美国东海岸的布鲁克海文实验室的质子加速器上发现了一个新的粒子，11 月份的时候他们宣布了新粒子的发现。同时，在美国西海岸的斯坦福大学直线加速器中心里克特小组也发现了类似的粒子。丁肇中将这个新粒子命名为“J”，它像中文的“丁”字，寓意为中国人发现的粒子；里克特则将它命名为“ψ”。因此，这个粒子就以“J/ψ”命名。不久在意大利和联邦德国的加速器上也相继观察到了这个粒子。为此，丁肇中与里克特获得了 1976 年的诺贝尔物理奖。

为了说明 J/ψ 粒子的性质，人们提出了一种新的夸克——粲夸克，即 c 夸克。新发现的 J/ψ 是由一个粲夸克和一个反粲夸克组成的。

关于 J/ψ，一时还流行着一个笑话。由于丁肇中发现 J

粒子是在美国的东海岸，而里克特发现 ψ 粒子是在美国的西海岸。所以，当你到了美国西部，就要称这个粒子为“ψ”（“卜赛”）；到了美国东部，就要称这个粒子为 J（“吉”）粒子；如果是美国的其他地区，则要称为 J/ψ（“吉卜赛”）。这就使人们想起了那个不断流浪的民族“吉卜赛”人。

丁肇中

丁肇中是美籍华裔物理学家。1956 年到美国密执安大学学习，并从机械专业转到物理专业。1962 年获得该校的博士学位，后去哥伦比亚大学和麻省理工学院任教。丁肇中的实验工作曾在 DESY（位于德国汉堡的“电子同步加速器研究中心”）、CERN（位于瑞士日内瓦的“欧洲核子研究中心”）和美国布鲁克海文实验室进行。1974 年夏，丁肇中的小组在布鲁克海文实验室发现了 J 粒子。

盖尔曼提出夸克模型时认为，存在 3 个夸克，即上夸克 u、下夸克 d 和奇异夸克 s。1974 年又发现粲夸克 c。到此为止，人们发现了前 2 代的夸克。其中第 1 代夸克 u 和 d 构成了我们的现实世界。第 2 代夸克是 s 夸克和 c 夸克，它们的发现不仅说明了一些新发现的粒子，而且表现出基本粒子发现的历史。这就像按“世代”繁衍一样，粒子的“世代”也在发展着。

从 20 世纪 70 年代起，人们开始寻找第 3 代夸克。1977

年，美国物理学家莱德曼领导的费米实验室和哥伦比亚大学开始了寻找底夸克（b）和顶夸克（t）的工作。他们发现了新粒子，而底夸克就是这种新粒子成分。1984 年，欧洲核子中心发现了顶夸克的痕迹。但找到它非常不容易，为此一些实验室开展了寻找顶夸克的“竞赛”。

1992 年 5 月，费米实验室的研究人员利用 Tevatron 对撞机寻找顶夸克。参加实验的是两个国际性的合作组：CDF 和 DO，共 800 余人。1994 年 4 月，他们首次观察到顶夸克的实验证据，并测定了其质量。顶夸克比它的“兄弟”底夸克重 30 多倍，是质子质量的 180 多倍。这大大出乎人们的预测。这一成果是 90 年代高能物理学的一个重大成果，并被国际合众社评为 1995 年度的“十大国际科技新闻”。

顶夸克的发现是借助世界最大的质子—反质子超高能对撞机，并且花了近 20 年的时间才完成，说明超越国际的科技合作是具有重要意义的。

总结一下，这 6 个夸克粒子是很有趣的。看看，它们的名称。

前 3 个：up，上夸克；down，下夸克；strong，奇异夸克（或奇怪夸克）。

后 3 个：charm，粲夸克；bottom，底夸克；top，顶夸克。

也有说，beauty，美（丽）夸克；truth，真（理）夸克。

这都是一些极为普通的名称，大概在科学家的眼中，构成物质的基础粒子最多，所以也最普通。这就像普通人家给孩子起名字，什么“柱子”“英子”等。

极微粒子的极端世界

自从电子被发现之后，人们探寻物质最小结构的这条路上就不断地取得成绩。到目前为止，人们已经发现了大约60种大小不同的粒子。由于这些粒子一度被认为是构成物质的最小最基本的单位，所以都把它们称为基本粒子。根据粒子之间作用力的不同，基本粒子可以分为强子、轻子和媒介粒子（也叫传播子）3大类。

现有粒子中绝大部分是强子，质子、中子、π介子等都属于强子。但是，这些强子本身还不是最小的粒子，它们还有自己复杂的内部结构。就目前的研究来看，强子都是由夸克组成的，而已发现的夸克有6种“味道”，它们是：上夸克、下夸克、奇异夸克、粲夸克、顶夸克和底夸克。此外，每一种夸克还有3种“颜色”，每一种“颜色”的某种夸克还都存在一个对应的反夸克，这就是目前我们认识到的夸克一共有36种。

轻子就是只参与弱相互作用、电磁相互作用和引力相互作用，而不参与强相互作用的粒子的总称。已经发现的轻子包括3种，它们都带一个单位负电荷。这3种粒子是电子(e)、μ子（缪子）、τ子（陶子，重轻子），还有与它们分别对应的电子中微子、μ子中微子、τ子中微子。这3种不带电的中微子，分别以ν_e、ν_μ、ν_τ表示。再加上以上6种粒子各自对应的反粒子，轻子一共有 12 种。

媒介粒子也属于基本粒子，它们是传递某种相互作用的媒介。传递强相互作用的粒子被称为“胶子”，共有 8 种；传递电磁相互作用的是光子，而传递弱相互作用的是 W^+，W^- 和 Z^0。所以，媒介粒子一共有 12 种。

基本粒子要比原子或分子小得多，现有最高倍的电子显微镜也不能观察到。质子和中子的大小，只有原子的十万分之一；而轻子和夸克的尺寸更小，还不到质子和中子的万分之一。

粒子的质量是粒子的另外一个主要特征量。在这么多的粒子中，有一些粒子是没有质量的，有一些粒子有质量，但质量范围跨度很大。光子和胶子属于没有质量的，电子质量很小，π 介子（一种质量介于电子和质子之间的粒子，属于一种强子）质量为电子质量的 280 倍；质子和中子都很重，接近电子质量的 2000 倍，已知最重的粒子是顶夸克。中微子的质量非常小，目前已测得的电子中微子的质量为电子质量的七万分之一，已非常接近零。

粒子的寿命也是粒子的一个主要特征量。电子、质子和中微子是稳定的，称为“长寿命”粒子；而其他绝大多数的粒子是不稳定的，都可以衰变。一个自由的中子会衰变成一个质子、一个电子和一个中微子；一个 π 介子衰变成一个 μ 子和一个中微子。粒子的寿命以强度衰减到一半的时间来定义（称为“半衰期”）。质子是最稳定的粒子，实验已测得的质子寿命大于 10^{33} 年。而大部分的粒子的寿命是很短的，可以说瞬息即逝，也就是亿分之一秒，甚至还有更短的，一千万亿亿分之一秒。

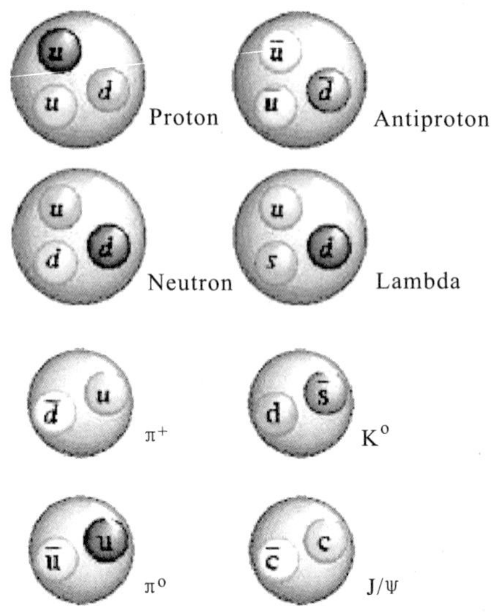

夸克组成粒子示意图

粒子具有对称性，有一个粒子，一定存在一个相对应的反粒子。1932 年物理学家安德森发现了一个与电子质量相同但带一个正电荷的粒子，也就是正电子。后来又有科学家发现了一个带负电、质量与质子完全相同的粒子，被叫作反质子；随后各种反夸克和反轻子也相继被发现。一对正粒子与反粒子相碰可以湮灭，变成携带能量的光子，即粒子的质量转变成了能量；反之，两个高能粒子碰撞时有可能产生一对新的正粒子与反粒子，即能量也可以转变成具有质量的粒子。

造物主——上帝粒子存在吗

希格斯参观 CERN 的 LHC 隧道

1964 年，英国物理学家彼得·希格斯发表了一篇文章，在这篇文章里，他预言了一种能吸引其他的粒子，然后使它们获得质量的特殊粒子的存在。他认为，这种特殊粒子是物质的质量之源，是电子和夸克等形成质量的基础，其他的粒子在这种粒子形成的场中游弋并逐渐产生惯性，进而最终形成质量，构筑出大千世界。这种预言中的粒子后来被别人用“希格斯”的名字命名，它还有一个外号，叫“上帝粒子”，也就是造物主的意思。

但是，近 50 年来，当其他的粒子不断地相继被发现的时候，这类神奇的“上帝粒子”却始终遁形无踪，不肯显现在人们的视野中。

“上帝粒子”虽然是物理学家们从理论上假定存在的一种基本粒子，但是，它目前已经成为整个粒子物理学界研究的中心，莱德曼更形象地将“希格斯粒子”称为“指挥着宇宙交响曲的粒子”。

自从1897年以来，汤姆逊发现电子之后，直到现在的一个多世纪的时间里，人类一直孜孜不倦地探索着微观世界的奥秘。1995年3月2日，在美国费米实验室向全世界宣布他们发现了顶夸克的时候，一套被称为“标准模型”的粒子物理学理论所预言的基本粒子中的60个都已经得到了实验上的支持，看上去“标准模型”马上就要取得决定性的胜利，对物质微观结构的探索也已经到达了它的尾声。

寻找“希格斯粒子”的实验一直在持续着。2000年，位于瑞士的欧洲核子研究中心（CERN）的科学家说，他们通过世界上最大的正负电子对撞机找到了希格斯粒子，但是他们的数据还不足以确定，并没有得到大家的承认。

2003年，物理学家试图通过位于美国芝加哥的费米实验室的正负质子对撞机，让质子与反质子相互对撞，以期发现希格斯粒子的运动轨迹，试图证实或否定欧洲核子研究中心所做出的实验结果。但是由于先前计划的实验方案并不可行，所以费米实验室的研究遇到了很大的挫折。

还是在2003年，在法国和瑞士边境地区地下175米深、约27千米长的环形隧道中，开始建造一个大型强子对撞机，耗资总计约20亿美元。这台对撞机将是世界上能量最高的对撞机。科学家期望在这一台对撞机上，能够发现希格斯粒子。

不过希格斯认为，到目前为止已经运行多年的美国费米实验室的万亿电子伏特加速器可能已经获得了希格斯粒子存在的证据。

美国物理学家在 2011 年 7 月 27 日报告说，他们已经把搜寻希格斯粒子的范围大大地缩小了，或许，困扰物理学界 40 多年的“希格斯粒子存在之谜”有可能在当年的 9 月末被揭开。不过，在 2011 年 7 月 22 日，欧洲核子研究中心根据大型强子对撞机的实验数据，也发现了希格斯粒子存在的线索。

2012 年 7 月 2 日，美国能源部下属的费米国家加速器实验室宣布，该实验室最新数据接近证明被称为“上帝粒子”的希格斯粒子的存在。

到目前为止，真正令人信服的证据还没有出现，但是在不久的将来，科学家一定能够看到它的真实面貌！希格斯粒子是物理学基本粒子“标准模型”理论中最后一种未被发现的基本粒子。如果“希格斯粒子”真的被发现了，那基本粒子就不是 60 种了，而是 61 种了。

科学家们认为，下一代粒子加速器将会为人们认识世界带来重要突破，未来中国将在基础科学研究中发挥重要作用。一些高能物理学家指出，希格斯粒子的发现是物理学史上空前的成就，也预示了新时代的开始，仍有许多问题亟需解答，如宇宙的起源和粒子质量的起源。在目前对撞机的能量上，再提高一个数量级，将会在揭示自然界的奥秘上推前一大步。现在也正是中国成为这一领域领袖的最好时机。

●磁单极子

我们知道，磁铁最奇妙之处是，在一条磁铁中，总有N极与S极，不管人们如何截断这个磁条。不过，在理论研究中，科学家预言，在自然界中应该存在着一种只有一个磁极的粒子，叫磁单极子。磁单极子是指一些仅带有北极或南极单一磁极的磁性物质。早在1931年的时候，英国物理学家狄拉克（1902～1984）就预言了磁单极子的存在。当时，他认为，宇宙中既然存在着带有基本电荷的电子，那么也就应该有带着基本“磁荷”的粒子存在。

狄拉克

狄拉克的预言启发了许多物理学家，大家纷纷开始了寻找磁单极子的工作。在寻找的过程中，科学家们用了很多种方法。科学家首先重点寻找地球上古老的铁矿石和来自地球之外的铁陨石上，因为他们觉得这些物体中，会隐藏着磁单极子这种“小精灵”。然而，结果却令他们大失所望：无论是在地球古老物质中，还是那些“不速之客”的天体物质中，均未发现磁单极子！

高能加速器是科学家寻找磁单极子的另一种重要手段。美国的科学家利用回旋加速器，用高能质子与轻原子核碰撞，但也没有发现磁单极子的迹象。这样的实验已进行了多次，得到的都是否定的结果。

宇宙射线的能量更大，科学家试图从宇宙射线中找到磁单极子的踪迹，结果依然是让人失望的。

当人类实现登月后，又重新在科学家心目中燃起了希望之火，他们把目光投向寂静荒凉的月球，月球上既没有大气，磁场又极微弱，应该是寻找磁单极子的好场所。1973年，科学家对“阿波罗 11 号”“阿波罗 12 号”和“阿波罗 14 号”飞船运回的月岩进行了检测，使用了极灵敏的仪器，但仍没有检测到任何磁单极子。虽然，在磁单极子的寻找过程中，人们“收获”到的总是失望，也曾闪现过一两次希望的曙光。

磁单极子对周围物质有很强的吸引力，所以它们会在感光底板上留下又粗又黑的痕迹。1975 年，美国科学家用气球将感光底板送到空气极其稀薄的高空，经过几昼夜宇宙射线的照射，他们还真的发现感光底板上有又粗又黑的痕迹。于是他们迫不及待地在随后召开的一次国际会议上声称，他们找到了磁单极子。那真的是磁单极子留下的痕迹吗？会上引起了很大争论。大多数科学家认为，那些痕迹很明显是重离子留下的“杰作”。

1982 年，美国物理学家宣布，发现了一个磁单极子。借助一种新式的磁强计，在实验室中进行了 151 天的实验观察记录。经过周密分析，所采集的数据与磁单极子产生的条件基本吻合，因此认为，有磁单极子穿过仪器中的超导线圈。由于没有重复观察到类似的现象，所以这还不能确证磁单极子的存在。

虽然这些“发现”都没有得到很确凿的证据，但还是给科学家们增添了很大的信心。

在电磁理论中，磁是由电流或变化的电场产生的，S极和N极总是同时存在的，根本就不存在磁单极子。1931年，狄拉克得出磁单极子的理论则是立足于量子力学理论。20世纪70年代以后建立起来的新的粒子理论和早期宇宙的演化过程中都要求存在磁单极子。所以，探测磁单极子也就成了确立粒子物理理论和宇宙演化理论成立重要的证据。

虽然磁单极子假说还没有能在实验上得到证实，但它仍是当代物理学上理论研究和实验的重要课题之一。如果磁单极子存在，就要对电磁理论作重大修改，并且使物理学和天文学的基础理论有重大的发展，人们对宇宙起源和演化有更加深入的认识。

二、极大尺度的世界

古人对世界的认识

先秦时期，庄子（约公元前369～前286）有一个好朋友，名叫惠施（约公元前370～前318）。惠施是一个高官，做一国的相。二人的地位有一定的差距，但这并不影响他们之间的友谊。他们对学问都有研究，还经常在一起切磋和交流，争论起来是毫不相让的。对于宇宙的研究，惠施有一个命题是：

至大无外，谓之“大一”；至小无内，谓之“小一。”

其中“小一”是有限的，是一个可以分割物质的极限，它接近于今人所说的“原子”。“大一”的概念接近于今天“宇宙”的说法。因而“小一”与“大一”的统一性就表现在于“小一”可以积累成“大一”，“小一”与“大一”具有一种内在的统一性。

儒家学者中也有类似原子的观点。子思写道：

语大，天下莫能载焉；语小，天下莫能破焉。

子思的“大”就是无边无际的宇宙，“小”就是不能再分割的物质微粒。南宋大思想家朱熹（1130～1200）对此做出了解释，他说：

莫能破，是极其小而言之。今以一发之微，尚有可破而为二者。所谓莫能破，则足见其小。注中谓其小无内，亦是说其至小无去处了。

莫能载，是无外；莫能外，是无内。谓如物有至小而尚可破作两边者，是中着得一物在。若云无内，则是至小，更不容破了。

这些思想大致要表明的是，极大的宇宙与极小的物质粒子是统一的。更加令人觉得有趣的是，今人感兴趣的物体，古人也是感兴趣的。惠施和子思都注意到最大与最小的东西之间存在着某种联系。虽然，古代的先哲们并未明白地说出来，也许未能真正地联系起来，也或许这种联系只是表面的，对于问题的实质尚无找到要领。不过，话说回来，这种联系应为今人建立起来，能将这其中的问题想个明白。

此外，在中国古代，还有人主张，物质是可以无限分割下去的，典型的说法是：“一尺之棰，日取其半，万世不竭。”

物质是否可分，或可分到什么程度，至今仍是一个十分重要的命题，是一个需要作深入科学探索的问题。21 世纪的物理学与天文学的联系将更加紧密，这就像16～17 世纪的力学与天文学的关系一样。当时产生了一门新的（交叉）学科——天体力学，而光学与天文学的结合，到 19～20 世纪又发展成为天体物理学。也许，物理学与天文学又可产生一门还未有适宜名称的学科。这个新学科可能在更高的水平上显示着物质世界的统一性与和谐性，将毕达哥拉斯、柏拉图、哥白尼、开普勒、牛顿……爱因斯坦不断发展又抱守统一的理想。

正多面体与宇宙结构

自从波兰天文学家哥白尼（1473～1543）提出“日心说”之后，由于哥白尼在书中使用的数学较多，他的书《天体运行论》（1543）并未受到社会广泛的关注。不过，相信“日心说”的还是大有人在。在德国，一个年轻人就非常推崇“日心说”，他就是开普勒。

在这里，要先简要地介绍“地心说”和“日心说”主要的不同。从两种学说涉及的宇宙结构来看——

“地心说”是以地球为宇宙（实际上是太阳系）的中心，太阳与月球，还有5个行星都绕着地球旋转。

“日心说”是以太阳为中心，在太阳的外围环绕着水星、金星、地球、火星、木星和土星，以后又相继发现了天王星和海王星，还有冥王星（只不过它又被剥夺了“大行星”的地位）。现在合称为“八大行星”（原来一度叫“九大行星”）。

我们如何选择这两个行星体系呢？相对“日心说”来看，从水星到海王星（甚至可以提到冥王星），它们的运行周期是从小到大，分布得很“和谐”。而依据“地心说”来看行星的分布就看不到这种“和谐的”排列。

当然，天体之间的这种“和谐”还远不止此。对于这种“和谐性”，开普勒的挖掘是有意义的。

约翰·开普勒（1571～1630）生于德国南部的瓦尔城。为了在将来能找到一个合适的工作，他进入大学学习神学。在求学期间，开普勒显示了出众的数学才能。开普勒受学校天文学教授麦斯特林的影响，他了解到哥白尼学说，并成为哥白尼体系的拥护者。但是，开普勒觉得哥白尼的模型尚不够精确。他要像古希腊人那样，给出一些明确的几何图像。1594年，开普勒在大学毕业后，到奥地利格拉茨教会学校执教。在这里，开普勒的业余时间全部用来钻研天文学。

由于开普勒是一个深受毕达哥拉斯和柏拉图影响的数学家。他坚信，上帝是按照完美的数学原则来创造世界的。为此，开普勒就以数学的和谐性原则来探索宇宙的体系。在1596年出版的《宇宙的奥秘》一书中，开普勒的研究非常巧妙。古希腊人早已发现的5个正多面体（正四面体、正六面体、正八面体、正十二面体和正二十面体），他用这5个正多面体与当时已知的6颗行星的轨道的套叠，构造出一个宇宙的几何模型。借此来解释为什么恰有6颗行星和为什么它们又按照如此大小的轨道来运行。

具体地看，这5个正多面体（从内到外）的排列是：正八面体、正二十面体、正十二面体、正四面体、正六面体；从内到外的排列、分别套叠的行星顺序是：水星轨道内切于正八面体，金星轨道外接于正八面体、内切于正二十面体……这样一直向外排列下去，直到土星。

开普勒为什么把正多面体与行星所处的诸天球联系在一起呢？他为此写道："我着手证明，上帝在创造这个运动的宇宙，对天空做出安排时，想到的是自毕达哥拉斯和柏拉图时代以来为人们所称颂的五种规则的几何体。上帝使天的数目、比例及其运动关系与这些几何体的本性适应起来。"尽管开普勒构造出了美妙的结构，但是这种结构与观测的结果相去甚远，这个模型并未成功。不过这却引起了丹麦天文学家第谷·布拉赫（1546～1601）的注意。

这个行星轨道的安排虽然表现出了开普勒的想象力和数学才能，却全然是偶然性的和带有数学神秘性的。在《宇宙的奥秘》中，开普勒不仅给出了行星运动的几何图像，而且还表达了寻求行星运动的原因的想法。第谷·布拉赫看了这本书，非常赞赏开普勒的理论思维和数学推导的才能。他邀请开普勒来与他合作。

开普勒的"立法"

最初，第谷·布拉赫很得丹麦皇帝的恩宠。皇帝给了第谷一个岛，第谷在岛上大兴土木，把这个岛建成了一个完整的"小王国"。但这一切都是为天文观测服务的。第谷确有超出凡人的视力，他的观测能力是超人的。这种天赋使第谷在他所处的裸眼观测时代，其观测能力达到了极致——他的测量误差只有 2 分。所以，在观测上说，第谷是 No. 1。不过，在数学上，他的水平就显得比较平常了。这可能也是第谷对开普勒格外“垂青”的原因之一。他们的合作能够长短互补，可谓是相得益彰。

1600 年 2 月，开普勒来到了布拉格，成为第谷·布拉赫的助手。此后，开普勒和第谷朝夕相处，共同研究他们感兴趣的问题。开普勒和第谷的会面乃是欧洲科学史上一个重要的事件。这两位个性迥异的天文学家的相会标志着近代自然科学两大基础——经验观察和数学理论的结合。没有第谷的观察，开普勒就不可能改革天文学。第谷·布拉赫的观测资料是开普勒“立法”的基础。

遗憾的是，1601 年 10 月 24 日，第谷·布拉赫在短期病重以后突然且意外地逝世。可幸运的是，在第谷临终前，他将开普勒选定为他的科学遗产——20 多年观测材料的继承人。

第谷·布拉赫与开普勒的相遇，也可以算得上是人类科学史上的一个奇迹。一个观测大师，一个理论大师，两个人同样怀着巨大的热情沉迷于宇宙的奥秘中。

对火星轨道的研究，是廾普勒重新研究天体运动的起点。开普勒认为，行星的轨道是真实的，而真实的运动必有某种真实的物理原因。

经过一年半之久的几十次的演算，开普勒只能得到一个接近（圆形轨道）的结果。这个结果和第谷的观测数据之间存在着一个 8 分角度的误差。不过，开普勒并不去怀疑第谷的观测数据，而是从这个误差中，开普勒敏锐地觉察到行星的轨道可能不是一个圆周；而且没有这样一个点，行星绕该点的运动是匀速的。这样，开普勒就大胆地抛弃了束缚人们头脑 2000 年之久的天体作“匀速圆周运动”的观念，转向用第谷的观测数据去确定行星的运行轨道。

在认真研究第谷的观测数据后，开普勒获得火星的轨道曲线。他立即看出，火星的轨道应该是一种“卵形线”。通过大量的复杂计算，开普勒终于发现这个曲线就是古希腊人早已研究过的椭圆；进而又发现每个行星都沿椭圆轨道运行，太阳就在这些椭圆的一个焦点上，这就是轨道定律。

开普勒又发现，地球和火星在离太阳近时运动得快，而在离太阳远时运行得慢，通过计算他得出，行星到太阳的连线（矢径）在单位时间内扫过的面积都是不变的。虽然他仅仅计算了地球和火星位于近日点和远日点时其矢径扫过的面积，然而由于这个关系是如此美妙和简单，致使他坚信这个关系无论对于哪个行星和轨道上的哪个部分都是真实的，这就是所谓面积定律。

在 1609 年出版的《新天文学》中，开普勒发表了上述两个定律。

第一定律：每颗行星的轨道都是椭圆形，太阳位于它的一个焦点上。

第二定律：太阳与行星的连线在任何相等的时间内扫过的面积相等。

第一定律也叫“轨道定律”，第二定律也叫“面积定律”。从面积定律可以看出，行星运动的轨道既非圆形，速度亦非匀速。极端的情况是，在近日点速度最大，在远日点的速度最小。

从第一定律和第二定律可以看出，开普勒是如何简化了哥白尼的日心体系，而且每个行星都是在椭圆形轨道上运行。不过要问到这6颗行星从整体上遵从什么规律呢？形象地说，第一定律和第二定律像是表现，每个行星在“独唱”时，它们的“声音”是美妙的，那在“合唱”时会有什么样的表现呢？应该说，找到这样的规律是不容易的。实际上，开普勒找到第一定律和第二定律只花了不到两年的时间，但找到第三定律则花了10年的时间。

“天体音乐”的发现

应该说，圆形的对称程度要高于椭圆形的对称程度。不过，话说回来，宇宙的完美并非是它的完全对称性，而是对称的少许偏离。后来，人们把这样的美称为“奇异之美”。

在如何看待观测误差（2分）和计算上的误差（8分），后来，开普勒也是深有感触的。他在自己的书中写道：“观测显示，计算差了8分……假如我可以忽视这经度上的8分，我本来足以修正我……所发现的假说。但是，既然它不容忽视，单单这8分便使我走上了彻底改革天文学的道路，这正是本书大部分内容的主题。”

初战告捷，这使开普勒信心大增。他认为，只有在找到各个行星运动的统一关系之后，才能够构造出一个太阳系的整体模型，从而揭示出宇宙的和谐性。正是怀着这种信念，开普勒长年累月地考察了许多因素的各种可能的组合。例如，从第谷的观测数据可以列表：

T 与 D 的关系

	水星	金星	地球	火星	木星	土星
T（年）	0.24	0.615	1	1.88	11.86	29.457
D（天文单位）	0.387	0.723	1	1.524	5.203	9.539

其中：T 是行星的绕日周期，D 是行星距太阳的（平均）距离。天文单位是设定地球距太阳的平均距离为 1。

试一试：将 T 和 D 的数据平方之，则有：

T^2 与 D^2 的关系

	水星	金星	地球	火星	木星	土星
T^2	0.058	0.378	1	3.53	141	867.7
D^2	0.150	0.523	1	2.323	27.071	90.993

二者（T^2 与 D^2）好像根本就是无关的。如果是在写作业，同学们花的时间不少了那会怎么样呢？——干脆放弃！但开普勒岂能轻易放弃呢？

再试一试，看看 D^3 会怎样？

D^3（与 T^2）的关系

	水星	金星	地球	火星	木星	土星
D^3	0.058	0.378	1	3.54	141	867.9

幸运的是，D^3 与 T^2 竟然相等！这样，他终于发现，行星公转周期的平方同它们到太阳的平均距离的立方成正比。

这里的单位分别是年和天文单位，如果它们的单位改变了，D^3 与 T^2 就不相等了。可将 D^3/T^2 就设为 K。即：

$$\frac{D_1^3}{T_1^2}=\frac{D_2^3}{T_2^2}=\frac{D_3^3}{T_3^2}=\frac{D_1^3}{T_1^2}=\cdots\cdots=K$$

这样，第三定律可表达为：任何两颗围绕太阳运行的行星，其周期的平方与到太阳的平均距离的立方成正比。

我们不妨再做一个小小的“游戏”，即：

$$\frac{D_1}{T_1^{2/3}}=\frac{D_2}{T_2^{2/3}}=\frac{D_3}{T_3^{2/3}}=\frac{D_1}{T_1^{2/3}}=\cdots\cdots=K$$

看看这个指数，它们恰好是 2/3。这不就是一个五度音程对应的比值嘛！正是一个和谐的比值。

五度音程是在八度音程之外最和谐的音程。看到这样的结果，开普勒一定是心花怒放。从古希腊毕达哥拉斯和柏拉图就一直向往的宇宙和谐的思想，这样的和谐规律终于被开普勒找到了！为此，他为第三定律起了名称——和谐定律。这个定律也常常被称为“半立方定律”，也叫周期定律。在 1619 年出版的书，书名也叫《世界的和谐》，在书中，开普勒公布了这个重要的发现。

宇宙的“音乐”是美妙的，但它的构成被开普勒找到了。后来，英国作曲家霍尔斯特（1874～1934）写了《行星》组曲，他惟妙惟肖地描绘了众行星（7 个行星）的神态。如果人们有机会遨游在太阳系中，每经过一个行星，也许会体会到那和谐但又不同的音乐。我们如有机会聆听霍尔斯特的作品时，是否想到开普勒的研究，是否会体会到宇宙中那种和谐的气氛呢？

1630 年 11 月 17 日，开普勒在贫困和病中去世。他被安葬在公墓中，墓碑上刻着他生前给自己留下的碑文：

我曾观测苍穹，今又度量大地，灵魂遨游太空，身躯化为尘泥。

开普勒关于行星运动定律的研究，为牛顿创立他的天体力学理论奠定了基础。

划时代的 1905 年

在 20 世纪物理学的历程中，在最初的 25 年中就完成了 3 次革命，其中爱因斯坦（1879～1955）就完成或参与了其中的两次，这就是狭义相对论和广义相对论。就在普朗克（1858～1947）提出量子假设时，在瑞士联邦工业大学毕业的大学生中有一位未来之星，这就是爱因斯坦。

爱因斯坦于 1879 年出生在德国乌尔姆。这是一个犹太家庭。小时候他不爱说话，并且说起话来慢吞吞的，以至大家以为这个孩子的脑筋有些迟钝。小的时候，他喜欢玩一些有耐性的游戏。爱因斯坦 6 岁时向母亲学习拉小提琴，并且培养出一生的业余爱好。爱因斯坦小时候，一次过生日时，父亲送给他一只小罗盘，小爱因斯坦非常高兴。令他惊奇的是，指针为什么总是指着一个方向。他想，这一定是“在事物的后面隐藏着某种深奥的道理”。

在上学期间，他不喜欢德国的教育方式，后来，他去了瑞士，并在那里报考大学。遗憾的是，第一次没考上，又补习了一年才考上瑞士联邦工业大学。

上大学期间，爱因斯坦不爱上他不感兴趣的课，因此经常缺课。但时间并没有浪费，他阅读了许多科学大师的著作。

大学毕业后，爱因斯坦想去当老师，没有当成，他只得当家庭教师。当他的广告登出后，伯尔尼大学的一位名叫索洛文的大学生来找爱因斯坦。他想多学一点物理学方面的知识。爱因斯坦非常高兴，并坦率地说道："你学哲学，爱好物理；我学物理，爱好哲学。我们还是相互学习吧！"两人谈起各种问题时总是津津有味，什么课时和课酬都忘掉了。

不久之后，爱因斯坦的朋友哈比希特也来参加讨论；哈比希特又带来了弟弟，弟弟又带来同学贝索。在聚会时，他们自由自在地讨论问题，交流着读书的体会。久而久之，他们为自己的聚会起了一个好听的名字——"奥林匹亚聚会"，为此他们还成立了"奥林匹亚科学院"。由于大家敬重爱因斯坦的人品和学问，大家就推举爱因斯坦为"科学院院长"。

1902 年是令人高兴的一年，爱因斯坦当上了伯尔尼专利局的技术员。这样，爱因斯坦就有了稳定的收入。除了工作之外，爱因斯坦把许多精力都放在了物理学的研究上。由于他精力旺盛、聪明好学，他同时涉及多个物理学分支的研究，并多有不凡的见解。而这终于在 1905 年汇成了一股洪流。

在 1905 年，爱因斯坦在 3 个学科上发表了 6 篇文章，创造了只有当年牛顿才能创造的奇迹。

狭义相对论所研究的物体运动现象与牛顿创立的力学理论体系中的研究对象很不一样，从牛顿以来，人们研究的运动物体大多是低速的情况；而到 19 世纪，人们开始涉及高速运动的情况，高到接近光速的速度，许多现象还是在物体低速运动情况下所不曾见到。从狭义相对论中讲述的内容来看，我们不能将牛顿力学的规律无条件地向高速运动的世界外推。我们认识到的任何规律都是在一定的条件下发现的和适用的。

关于狭义相对论的建立，荷兰物理学家洛仑兹和法国科学家彭加勒也做出了重要的贡献。洛伦兹是荷兰著名的科学家，早期发现磁场对运动电荷的作用，现在称为“洛伦兹力”。这一发现在回旋加速器的设计中仍发挥着作用。他还与他的学生一起发现了光谱线在磁场中发生分裂的效应。彭加勒是法国著名的科学家，一生研究成果众多，并涉及许多不同领域，在今天已不可能再出现这样的人物了。在狭义相对论的研究中，他认为任何物体的运动速度都不可能超过光速。

我们知道，在法国巴黎国际度量衡局保存着一个标准的长度和质量的实物。标准实物的长度为 1 米，标准实物的质量为 1 千克。如果你将他们放在一个高速疾驰的火箭上，这些标准都有了一点点变化，其中实物的长度变短了，而实物的质量略有增加。如果你进行一个标准时钟的实验，放在火箭上的标准时钟会稍稍变慢一些。

从爱因斯坦在 1905 年发表的研究成果可以看出，爱因斯坦对物理学理论研究之深，爱因斯坦在这种研究中倾注了大量的精力和智慧，在物理学的发展过程中取得了惊人的成就。像这样的成就大概只有牛顿能与之比肩。

●弯曲的光线

在狭义相对论建成后，爱因斯坦并未满足，因为他并未建立更好的引力理论。

牛顿的引力理论难以解释水星运动时的反常现象。在水星运动时，它所运行的椭圆轨道并不是封闭的，这种不封闭的现象称为“水星近日点进动”现象。

为了建立更好的引力理论，爱因斯坦从 1907 年就开始研究广义相对论。经过几年的研究，他发现涉及的数学问题难以解决。为此他询问他的大学同学格罗斯曼（1878～1936）。

格罗斯曼告诉他，在 19 世纪高斯（1777～1855）就提出了新的几何理论，后来为他的学生黎曼（1826～1866）所发展，现称为黎曼几何。它同古代建立的欧几里得几何很不一样，像三角形的内角和，是不等于 180 度的。我们定义圆的周长与直径比为圆周率，在欧几里得几何中它为 3.141 6，新的几何证明它不等于 3.141 6。

爱因斯坦发现，黎曼几何正是他建立广义相对论的重要工具。为此他与格罗斯曼合作，于 1916 年发表了新的引力理论——广义相对论。

在广义相对论中，爱因斯坦大胆预言了一种新的现象。本来我们在学习几何光学时已知道，光线在同一种介质中传播是沿直线传播的。但是由于引力的作用，即便在同一种介质光在传播时也要偏离于直线。不过光在经过像地球这样大的天体时，其弯曲是很小很小的。当时，人们将爱因斯坦引力理论与牛顿引力理论做了比较，并对光线在经过太阳的偏折进行了对比的计算，结果是，按牛顿理论的计算结果为0.87秒，按爱因斯坦理论的计算结果为1.7秒，二者几乎差了一倍。

当时许多人只是把广义相对论看作一件漂亮的外衣，但对天文学并不一定合体。空间也会弯曲，爱因斯坦说的有些“太玄乎”了吧！

让远处恒星的光线掠过一庞大的恒星边缘，在引力的作用下，光线的路径会发生弯曲。在具体验证时，由于别的恒星都太远了，测量光线的弯曲几乎是不可能的。只有一个选择，那就是观测光线掠过太阳表面时的情况。

在日全食发生之前，英国决定派出两支观测队，一支去非洲西部的普林西比岛，一支去南美洲的索布腊尔。其中著名的英国天文学家爱丁顿（1882～1944）亲率去普林西比的观测队。日全食发生在5月29日，观测队3月份出发。

到29日那一天，雨后的天仍阴沉着。这使爱丁顿的心情更加阴沉。中午时阴云仍未散尽，日全食发生了。他们有序地拍下一张张照片，30秒的日全食很快就过去了。由于天气的原因，爱丁顿发现，只有一张照片上的13颗亮星全部都显示出来，而且清楚地显示出光线偏折的情况。

当电报发给爱因斯坦时，爱因斯坦中断了上课，把电报递给了他的学生，说道：“看一看吧，你也许对这有兴趣。”这位学生看过后极其兴奋，但爱因斯坦却说：“我知道这个理论是正确的。”可是学生却向他提出了一个问题，假如观测与理论不符，那您会怎么样呢？爱因斯坦风趣地说：“那么，我将为亲爱的上帝感到遗憾——这个理论是正确的。”

广义相对论获得成功后，爱因斯坦成了大名人，采访他的人络绎不绝，人们还要他写文章介绍广义相对论。爱因斯坦还是很谦虚的，但小孩子是很好奇的。一天，爱因斯坦的小儿子爱德华问父亲：“爸爸，你到底为什么这样有名呢？”他可能觉得很“好玩”。对此，爱因斯坦却很严肃，他拿起儿子玩的大气球，意味深长地说：“你看，有一只瞎眼的甲虫在这个球上爬，它不知道自己走过的路是弯的。很幸运，你的爸爸知道。”是的，广义相对论也许并不很神秘，只是爱因斯坦对人们习以为常的现象进行了认真和深入的思考罢了。

爱因斯坦曾为伦敦的《泰晤士报》撰文说明新理论，其中写道：

你们报纸上关于我的生活和为人的某些报道，全然是出于作者的活泼想象。为博得读者们一笑，下面我举出相对性原理的另一运用，今天我在德国被称为“德国的学者”，而在英国被称为“瑞士的犹太人”。若是我命中注定将被描绘成一个可厌的家伙，那么事情就会反过来了：对德国人来说，我将变成“瑞士的犹太人”，而对英国人来说，则变成了“德国的学者”。

虽然爱因斯坦应用了非欧几何，但他并不能“废止”欧几里得几何学。何况他少年时也曾对几何学下了一番工夫。老人爱因斯坦有时还要将他的欧几里得几何知识炫耀一番。

据说，有一位中学生从老师那里听说爱因斯坦的几何非常好，就给他写信，请他帮忙，解几道几何题。爱因斯坦很高兴，自认为是“宝刀不老”，就回信给这位中学生，并附带有详细的题解。也许我们还能想象得出，爱因斯坦颤巍巍地写下了这些题的解。

1919 年 12 月 14 日，《玻璃门新闻画刊》刊登了爱因斯坦的照片，载文介绍了爱因斯坦的事迹。文章称“世界史上的伟大新人物，阿尔伯特·爱因斯坦，他的研究成就预示着将对我们关于自然的概念作一次全面的修改，他的成就可以与哥白尼、开普勒和牛顿所具有的深邃洞察力媲美。”《伦敦时报》也宣布：“科学上的革命……宇宙的新理论……推翻了牛顿的想法。”

由于广义相对论不断为实验所验证，人们自然地把它作为一种概念深刻、结构严谨、推论精确的科学理论。英国物理学家汤姆逊认为，相对论是人类思想史上最伟大的成就之一，它不是发现一个外围的岛屿，而是发现整个科学思想的大陆。具体地讲，相对论的主要影响有下列几点：

（1）相对论推动了现代实验技术的迅速发展，并导致了许多重大的技术创造和科学发现。

（2）相对论促进了光学、原子物理学、天体物理学、宇宙学和统一场论等科学理论的发展。爱因斯坦的科学思想，认识论和方法论，也被渗透到现代科学研究的许多方面，并对现代理论自然科学的发展有着深远的影响。

（3）相对论彻底地否定了牛顿的绝对时空观，雄辩地证明了物质、运动与时间、空间的内在统一性，时间和空间本身的不可分割性，以及大尺度的时空性质依赖于物质的分布状况从而为现代的科学时空观提供了坚实的自然科学基础。

发现宇宙创生的踪迹

说到宇宙的起源，比利时科学家勒梅特（1894～1966）认为，最初的宇宙形成于“原始原子”，后来人们称为“原始火球”，“原始原子”的名字现在已很少用了。关于最初的“原始火球”，人们认为，它只有几光年大小，其中充满物质和能量，同今天的宇宙大小比起来，那时的宇宙更像一个“鸡蛋”，所以被勒梅特形象地称为“宇宙蛋”。“宇宙蛋”非常不稳定，稍有干扰它就炸开，爆炸的规模和激烈程度是难以想象的。爆炸后的碎片就逐渐地形成了我们生存其中的或可以眼见的星系。这些星系继续膨胀，直到今天还未停下来。

20世纪30年代，英国著名的天文学家爱丁顿大力宣传勒梅特的“宇宙蛋”，并加以通俗化，逐渐形成了膨胀宇宙模型。很有趣的是，中国古代有关于盘古开天辟地的说法，相比而言，盘古就像是“宇宙蛋”中的胚胎。

一般来说，在研究宇宙演化过程时，人们还难以避免宇宙膨胀之初的问题，也就是说，时间起点或宇宙起源问题。关于时间起点和宇宙起源，过去的学者常常认为是属于神学问题，或者是属于哲学问题。由于广义相对论和宇宙学的研究与进展，科学家已经有能力研究宇宙起源的问题，而勒梅特正是这样做的。他将宇宙起源这样一个抽象的哲学问题转变为一个具体的科学问题，并且为科学家开辟出一片广阔的研究领域。科学研究表明，“宇宙蛋”的爆发是一种物质的力量所引发的，而不是借助某种神秘的力量导致的。

科学家在天文观测中发现，宇宙大部分是氢，其次是氦。关于这些，勒梅特还不能加以说明。20 世纪 40 年代，美籍苏联物理学家伽莫夫（1904～1968）发展了勒梅特的理论，他对化学元素的起源问题做出了很大贡献。他的理论说明了现在宇宙中氢元素和氦元素的数量。

关于宇宙的创生，伽莫夫和他的学生阿尔弗（1921～2007）写好了一篇文章。在文章中，他们认为，“宇宙蛋”中充满了“中子素”，通过猛烈的爆炸，“中子素”分开并形成中子。这些中子迅速衰变成质子和电子。这些质子就是氢原子核，而质子与中子的反应就形成了氦元素。这就说明了宇宙中氢元素和氦元素的形成，以及在宇宙中的含量问题。

元素形成的反应是非常快的，伽莫夫设想不超过半小时。在爆炸时要释放大量的能量，所以温度是极高的；随后温度迅速下降，不同的原子核在温度下降时会俘获电子而形成原子；这些原子凝聚成气体物质，并在爆炸时向四面八方飞散而去，在飞散时形成星系与恒星。

伽莫夫生性幽默，在进行科学研究时也不忘开个小玩笑。这个玩笑是由他和阿尔弗的名字引起的。阿尔弗的英文是 Alpher，伽莫夫的英文是 Gomow，这两个名字与希腊字

伽莫夫

母 alpha（阿尔法，希腊字母表中第1个字母，写作 α）和 gamma（伽玛，希腊字母表中第3个字母，写作 γ）发音相似。他们的名字对应着希腊字母表中的第1个和第3个字母，缺中间的字母（第2个）。为此，他拉进了一个物理学家，他的名字叫贝特（1906～2005），是美籍德国人，用英文写是 Bethe，与希腊字母 beta（贝塔，字母表中第2个字母，写作 β）发音相似。在发表时署名为阿尔弗、贝特和伽莫夫，看上去好像是希腊字母表中前3个字母：阿尔法、贝塔和伽玛。这样的组合真是让人有点儿忍俊不禁。后来，伽莫夫干脆把他们的理论称为“α—β—γ理论”。这样不仅觉得十分有趣，可以给读者更深的印象，而且便于记忆。可见，读科学论文也是有趣味的！

对于“α—β—γ 理论”来说，其中有一个重要的预言，这就是大爆炸后宇宙降温的情况，到今天温度降到了5开，换算成摄氏温度约为－268摄氏度。正是他们创立的大爆炸宇宙模型大大推进了宇宙学的研究进程，使宇宙学的研究发展到更加精确的程度。但伽莫夫的这个预言是真的吗？科学家本应去测量一下就可以了，但遗憾的是，当时和以后的一段时间内，人们并没有加以认真地对待。

关于伽莫夫，在科学界享有盛名的是他的“指挥棒”。他的“指挥棒”非常灵验，他曾在分子遗传学施加他的这种指向性影响，使人们对“遗传密码”的研究大大减少了盲目性。在天体物理学和宇宙学的“指向”就更不在话下了。不过，伽莫夫关于宇宙大爆炸后的产物，其预言太“大胆”了，一时还未引起人们的重视。

大爆炸与宇宙微波背景辐射

早在经典物理学的时代，伽利略、开普勒和牛顿的研究不仅充实了哥白尼的宇宙体系，而且使这一体系的数理结构非常精确。借助这一体系，使一些传奇性很强的预言成为现实，其中最为大胆的是关于海王星的预言。这也使哥白尼宇宙体系更加令人信服。到 20 世纪，物理学自身的进展又为天体的研究注入了活力，特别是爱因斯坦的狭义相对论；在引力理论的发展上，爱因斯坦创建了广义相对论。

广义相对论的成功还表现在关于现代宇宙学的创立上，爱因斯坦提出了宇宙的静态模型。由于宇宙是静态的，为了与万有引力相抗衡，他引入了“宇宙常数”。几年后，苏联物理学家亚历山大·弗里德曼（1922 年）和比利时神父勒梅特（1927 年）从爱因斯坦的方程中求出新的解，即宇宙是膨胀的（不是静态的）。勒梅特推定，宇宙有一个原初的爆炸过程。不久，美国天文学家哈勃发现了宇宙膨胀的现象，并建立了著名的哈勃定律。这些新的研究和观测大大推进了人类对宇宙的认识。这种推进不仅表现在对宇宙膨胀的发现上，而且还大大深化了人们的宇宙观，开创了现代宇宙学的研究。此后，对于宇宙膨胀现象的研究几乎成为天体物理学家不懈的追求，甚至到今天，宇宙膨胀的研究不断地涌现出新的成果。

目前对宇宙起源的认识主要来自于热大爆炸理论。这个理论是说，在宇宙的极早期，物质是以高温度高密度的形式存在，并处于热平衡状态。由于大量自由电子会与光子频繁发生作用，宇宙显得并不透明。随着宇宙的膨胀，宇宙的温度不断下降。当宇宙演化经过了 38 万年时，宇宙温度就降至 3000 开了，自由电子被质子俘获后形成中性氢原子，宇宙进入复合阶段。宇宙中自由电子的数密度急剧减少，宇宙变得透明起来，光子自由传播。这便是今天观测到的宇宙微波背景辐射（Cosmic Microwave Background，简称 CMB），这也是目前能探测到的最古老的辐射。CMB 携带了丰富的宇宙学信息。这些极早期的信息，可以精确地限制宇宙中物质的组成、宇宙的年龄等。因此，CMB 实验是宇宙学研究领域最为重要的实验观测。但是，说到 CMB，还要从 1965 年说起。

美国科学家彭齐亚斯和威耳逊进行卫星通讯的研究工作，他们建造了一个为“回声”卫星计划而建造的角形反射天线。它的外形像个喇叭。经过一年左右的精密测量，他们一直能接收到一些不可消除的“噪声”。最初，他们认为，这可能是来自电子线路自身的噪声，而后发现噪声的情况并非如此。在他们发现天线喉部粘满了鸽子粪后，他们怀疑这种“白色介质”有可能成为噪声源。他们将天线喉部拆下来，并清除了这种“白色介质”，但噪声却未被清除掉。经过种种努力，他们排除了噪声来自设备自身的可能性。最后，他们终于明白，这个像“幽灵”一样的噪声可能来自宇宙空间的深处。因为这种噪声是如此均匀和稳定，以至于在天空的任何方向上都可以接收到它。他们肯定这一各向同性、与季节无关的辐射是来自宇宙远处的辐射信号。

彭齐亚斯（左）和威耳逊（右），与他们背后的那架喇叭形天线

这个“噪声源”是怎么回事呢？彭齐亚斯和威耳逊并不清楚它的意义。当时，普林斯顿大学的一位科学家作关于宇宙学的报告。其中提到，根据宇宙大爆炸理论的预言，应能观测到一种“微波噪声”。由于这种噪声充满宇宙，无论我们从哪个方向测量都可以测到它，所以就称它为“宇宙背景辐射”；又由于它是微波辐射，所以也可称为“宇宙微波背景辐射”，简称“微波背景辐射”。当彭齐亚斯与普林斯顿大学的科学家联系之后，他们才认识到，彭齐亚斯和威耳逊已经发现了微波背景辐射。有趣的是，这正是伽莫夫的大爆炸假说所预言的微波背景辐射。当时他们的理论并未得到学术界的重视，原因是微波探测技术尚不够成熟，人们根本没有想到用实际观测去验证一下这种预言。

彭齐亚斯和威耳逊的发现就是 CMB 的信号。CMB 的发现无疑是宇宙学发展中最重大的事件之一，它和星际有机分子、类星体、脉冲星被誉为 20 世纪 60 年代天文学的“四大发现”。彭齐亚斯和威耳逊也因为宇宙微波背景辐射的发现而获得了1978年的诺贝尔物理学奖。

不只是大爆炸得到观测上的支持，从颁发2011年诺贝尔物理奖来看，获奖者利用超新星的观测，证明今天的宇宙仍然处在膨胀期。2011年10月4日，来自美国和澳大利亚的3名天体物理学家获得2011年诺贝尔物理学奖，以表彰他们对超新星研究和对宇宙加速膨胀观测的贡献。其中，获奖者萨耳·波耳马特，在美国加州大学伯克利分校主要研究宇宙超新星项目。布莱恩·施密特就职于澳大利亚国立大学；亚当·里斯在美国巴蒂摩尔约翰霍普金斯大学及空间望远镜研究所研究天文物理。他们的观测结果是在1998年发表的。瑞典皇家科学院在颁奖声明中说，这3位科学家对超新星的观测证明，宇宙在加速膨胀、变冷，这一发现“震动了宇宙学的基础”、“帮助我们揭开了宇宙膨胀的面纱”。

对于大爆炸假说来讲，微波背景辐射的观测是一个极其重要的证据。其实对于别的宇宙理论也是一样。对于多数宇宙理论来说，或者是未能做出类似的预言，或者是对这个新的观测事实不能做出适宜的解释。不过对于大爆炸的宇宙模型，还不能停留在原有的水平上，虽然在20世纪60～70年代，有几个研究小组（包括彭齐亚斯和威耳逊）对此进行了更加精密的测量。为了进一步研究CMB的特性，国际上提出了很多实验项目。可是这些实验都是在地面上或者是在大气层内进行的，使测量精度受到限制。

宇宙膨胀一直持续着，在大爆炸后的今天应该是什么状况呢？宇宙的温度是多少呢？人们并不满足20世纪60年代中期的观测结果，由于观测技术发展得很快，有必要进行更加精确的测量。到1976年，美国国家航空航天局（NASA）定出计划，要发射一颗卫星，进行精确的测量，其中载入3个实验仪器：探测CMB温度涨落各向异性的探测器，测量CMB能谱的分光光度计和探测星际尘埃辐射的红外多波段探测器合并到宇宙背景探测者卫星（Cosmic Background Explorer，简称COBE）之中。1981年开始设计和制作，1989年11月18日将COBE卫星发射升空。

卫星升空运行后不久，便对CMB能谱给出了精确的测量，它精确符合普朗克黑体辐射谱的理论曲线，计算得出今天背景辐射的温度为$T=2.728$开± 0.004开，充分支持了热大爆炸宇宙理论。另外，经过3年多数据的积累，在1992年首次探测到了与CMB温度涨落相关的各向异性数值，这一结果与理论预期值非常一致。作为对热大爆炸理论的检验，COBE实验给出了完美的答案。因此，项目的主要领导者马瑟和斯穆特获得了2006年的诺贝尔物理学奖；以表彰他们对CMB黑体谱和温度涨落各向异性的发现。

美国人为什么要发射COBE呢？原来，美国宇宙学家阿伦·古斯提出了一个暴涨理论。就像伽莫夫和阿尔弗的理论，一开始，一些人是抱着怀疑的态度，认为这是一个异想天开的理论。

古斯认为，在宇宙大爆炸之前，还应该存在一次更大的爆发，持续的时间更短。其短暂的程度比一般短寿命的粒子还要短得多，大约为10^{-34}秒。宇宙之“暴涨”是如此之剧烈，在这样短的时间（10^{-34}秒）内，宇宙体积增加了10^{26}

倍。在这样的“暴涨”过程中，也许原来的宇宙并不是均匀的，但过了这样的短暂的一瞬（10^{-34}秒）后，宇宙就变得很均匀了。因此，人们把这短暂的一瞬（10^{-34}秒）称为“暴涨期”。

古斯的理论可以解释宇宙的均匀性问题，因为宇宙微波背景辐射是非常均匀的。但是，小到太阳系，大到银河系和众星系，它们为什么具有这样的结构呢？科学家利用暴涨的理论，将计算的结果与这些恒星和恒星系的结构相比，结果很相似。这说明，在这种均匀性中应该存在少许的不均匀性，因此微波背景辐射应该有一定的不均匀性。

比起彭齐亚斯和威耳逊的观测，新的观测精度提高了很多倍。当时彭齐亚斯和威耳逊的测量精度只有 0.1，COBE 的测量精度则达到 0.000 01（即十万分之一），提高了 1 万倍。从 COBE 发回的图像看，它与彭齐亚斯和威耳逊的结论有所不同。彭齐亚斯和威耳逊的测量表明宇宙的背景辐射是均匀的，而 COBE 测定的背景辐射恰恰是不均匀的。这种不均匀性正好可以说明宇宙在降温过程中，即从热变冷时形成了物质分布的不均匀性。也正是 COBE 的观测，为宇宙的创生与演化提供了更有价值的材料。

从 COBE 发回的测量结果看，宇宙背景辐射在不同的方向上看，测得的温度稍有不同。这就说明，宇宙的背景辐射并不是各向同性的，而是各向异性的。为了深入研究这种现象，1995 年，NASA 接受了科学家的建议，2001 年又发射了威尔金森微波各向异性探测器（简称为 WMAP）。到 2003 年，人们利用测量数据首次绘制出一张宇宙的“婴儿期”的图像。这时的宇宙只有38万年，而今的宇宙年龄已有130多亿年，这张“照片”反映的宇宙样子，只相当于一个八旬老人回看他出生当天的样子。从WMAP的观测结果，为暗物质的真实性提供了证据。从WMAP的观测数据看，普通物质、暗物质和暗能量的比例为4∶23∶73。

可见，美国人发射COBE的目的非常明确，看看科学家是不是在“说大话”。测量的结果表明，COBE不负众望，发现宇宙背景辐射只有0.000 001的不均匀性。这个量值很小，就像在几千米的空中看大海表面的波涛，海面看上去是很平坦的。这样，宇宙的暴涨并非虚言。2006年的诺贝尔物理学奖也算是实至名归了。

COBE的结果是令人鼓舞的，不过在精度上仍稍嫌差些。1995年，美国人又计划发射一颗探测卫星。在微波背景辐射中必定包含着宇宙演化过程中的重要信息。从COBE的结果看，就像一个春天时的柳树枝，树枝上抽出了嫩芽。它很好看，但要看它的细节，如嫩芽上的纤毫，COBE拍下的“照片”就显得不够了。这就引出了另一个新的计划——WMAP（全称是Wilkinson Microwave Anisotropy Probe，中文译作威尔金森微波各向异性探测器，是以CMB研究先驱者威尔金森命名的）。与COBE不同的是，WMAP的精度更高，而且，要把WMAP放到一个称为“拉格朗日2点”（L2）的地方。这个点距地球有150万千米。经过几年的精心准备，到2001年6月30日，WMAP卫星在美国佛罗里达州卡纳维拉尔角的肯尼迪航天中心发射升空，它飞行了3个月才到达指定的位置上。WMAP是继COBE卫星之后的，又一颗以测量 CMB 为主要科学目标、进行全天空扫描的空间探测卫星。WMAP 探测和搜集到的数据传到地面后，科学家经过仔细的分析，到 2003 年才发表出来。WMAP 差不多工作了 10 年。

作为 COBE 卫星的继承者，WMAP 卫星探测器在精度上提高了 45 倍，对 CMB 进行观测，目标是探测 CMB 不同方向上温度之间的微小差异，精确测量 CMB 功率谱，以帮助检验各类宇宙学模型。WMAP 除了距离地球很远，这当然消除了来自地球的各种干扰；但 WMAP 还有更多的考虑，即要消除掉来自太阳的干扰。在这个“拉格朗日 2 点”处，WMAP 可以（与地球同步地）绕太阳运行，它还能受到地球的遮掩，这就屏蔽掉大量的干扰。新一代 WMAP 卫星对于 CMB 各向异性的测量要更加精确，这些观测到的细节部分，可以从中得到大量的宇宙学信息。

2003 年 2 月份，WMAP 实验组公布了卫星运行一年得到的观测数据和物理分析结果。CMB 功率谱中丰富的宇宙学信息对于众多宇宙学参数给出了精确的限制，如宇宙年龄、宇宙各种物质成分等，引起了科学界的广泛关注，并在当年年底被美国《科学》杂志评为“世界十大科技进展”之一。此后，WMAP 实验组于又先后公布了 WMAP 卫星运行几年的观测结果。2010 年 9 月，WMAP 卫星被关闭并离开 L2 点，结束了长达 9 年的观测生涯。

WMAP 实验对 CMB 各向异性的精确测量结果，是目前宇宙学研究领域最重要的观测数据。因此，WMAP 实验是近 10 年里最重要的宇宙学观测，其高质量的观测结果极大地推动了宇宙学的发展，使宇宙学成为一门精确的科学，进入了“精确宇宙学”的时代。2010 年，邵逸夫天文学奖授予了 WMAP 实验组的贝内特、佩奇和斯珀戈耳，以表彰 WMAP 实验对宇宙微波背景辐射的高精度测量。当然，太空的研究计划，一个突出的特征就是费用非常高。像 COBE 在地球轨道上运行，要花上几千万美元；把 WMAP 放在太阳的轨道上，则要花到 1.5 亿美元了。

经过了几十年的发展，CMB 领域取得了丰硕的研究成果，特别是 WMAP 卫星的精确观测结果，在宇宙学研究中起到了至关重要的作用，推动了“精确宇宙学”的发展。在美国人把 WMAP 放到太空的同时，欧洲人也制定了自己的探测计划。他们也要发射一颗与 WMAP 类似的卫星。但这颗卫星要更加昂贵了，费用达 7 亿欧元，约为 WMAP 的 5 倍。

欧洲空间局发射的普朗克卫星

普朗克卫星是欧洲空间局发射的用于观测 CMB 温度涨落各向异性的卫星，它是继 COBE 和 WMAP 卫星之后的第 3 代 CMB 空间实验。在 COBE 实验取得巨大成功之后，1992 年，两个空间 CMB 实验组提出进行更高精度空间 CMB 实验的想法。1996 年，ESA 将他们合并为实验 COBRAS/SAMBA，并把这个探测器以普朗克的名字命名。这是著名的德国物理大师普朗克的姓氏。

当 WMAP 计划接近尾声时，普朗克卫星则盛装登上太空的场所。它于 2009 年 5 月 14 日升空，同样是在日一地系统 L2 点运行。当年 8 月份就开始工作了。普朗克卫星主要由两部分组成：高频组探测器是一种测辐射热计，运行温度为 0.1 开，这要用氦作为冷却剂。在 2012 年 1 月 14 日，氦冷却剂用光，至此探测器成功地运行了 30 个月，对全天空的 CMB 进行了 5 次高精度的扫描，超出了设计之初预计的 2 次扫描。而低频组探测器是 HEMT 放大器，运行温度为 20 开，使用氦作为冷却剂，于 2013 年下半年停止运行。

比起 WMAP，普朗克卫星（Planck）除了证实 WMAP 的测量结果，普朗克卫星还达到了更高的测量精度。比如说，宇宙的年龄确定为 138 亿年。对于宇宙的物质构成，普朗克卫星的测量结果与 WMAP 稍有不同，即可视的物质只占到 4.9%，暗物质要多出 4 倍多，即达到 26.8%；关于导致宇宙加速膨胀的暗能量，竟然占到 68.3%，比暗物质或暗物质与可视物质的和还要多出 1 倍多。Planck 比起前二者（COBE 和 WMAP），除了精度上的数据测量，还有一些重要的发现。

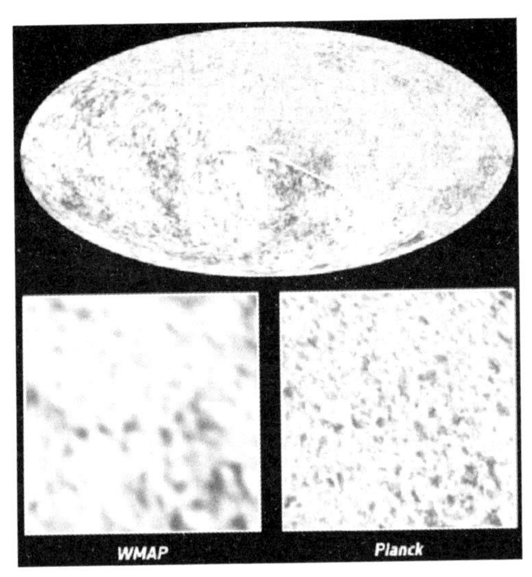

普朗克卫星和 WMAP 卫星对 CMB 温度涨落测量精度的比较

上图显示的是普朗克卫星和 WMAP 卫星对 CMB 温度涨落测量精度的比较。相对于 WMAP 卫星，普朗克卫星将以 10 倍于它的高灵敏度和近 3 倍于它的高角分辨率，可在 30～857GHz 的 9 个频率波段上对全天空进行史无前例地精确扫描。从图中可以发现，普朗克卫星对 CMB 温度涨落的测量明显要精确很多，可以观测到更小尺度上温度涨落的结构。高精度的 CMB 图像可以精确显示 CMB 温度涨落各向异性的功率谱，特别是在小尺度上，可以对众多宇宙学模型的参数给出精确的限制，以及宇宙早期的暴涨模型和宇宙大尺度结构的形成。另外，Planck 项目还会寻找大质量星系团，观测河外的射电源和红外源等。

在 CMB 温度涨落的观测过程中，由于 CMB 的温度本身已经非常低了，测量温度之间的涨落是非常困难的，一点点微小的污染都会影响最终的结果，所以如何有效地去除各

普朗克卫星观测的全天空 CMB 温度涨落图像

类前景污染是 CMB 实验观测的重中之重。各类前景污染会在不同的频率波段上占主导地位，可以通过多波段的观测有效地分析这些前景污染，从而从 CMB 观测中去除这些前景污染，得到干净的 CMB 温度涨落的图像。这一过程被称为成分分离，这是中国科学院高能研究所研究人员在普朗克项目合作组的主要工作之一。图中显示的是普朗克卫星数据在去除各类前景污染之后得到的干净的全天空 CMB 温度涨落图像。图中颜色的深浅代表温度的高低，红色（相对浅些）代表温度高于 CMB 全天空的平均温度，蓝色（相对深些）代表温度低于 CMB 平均温度。这一图像来自于宇宙极早期，CMB 的温度不是完全均匀各向同性的，天区之间存在着微小的温度涨落，而这一微小的涨落恰恰对应着宇宙极早期的原初密度扰动，也就是形成宇宙大尺度结构的原初种子。通过对这一微小的温度涨落的分析可以充分了解极早期的宇宙以及之后宇宙的演化过程。

暗物质与暗能量

在天文观测时，有一种“造父变星”是非常重要的。它的作用就像一支标准的“烛光”，通过测算和比较，可以确定它附近恒星与地球之间的距离。但是，如果这种“造父变星”太远，对它的辨识就有困难了，这就不能用于确定恒星（系）与地球之间的距离了。这样，天文观测者就要另寻“它星”了。在宇宙中，恒星演化到晚期，超新星往往是它的归宿。在超新星中有一种Ia型超新星，它可以承当测量距离的标准“烛光”的角色。获得2011年诺贝尔物理奖的两个小组正是通过辨识和测量Ia型超新星来确定恒星之间的距离变化。他们的观测支持宇宙正在膨胀着和宇宙的膨胀在加速的看法。

为什么宇宙的膨胀在加速呢？对此，目前尚不清楚，科学界的解释也不一致。有些科学家喜欢“向后看”，就把爱因斯坦提出的宇宙方程中的“宇宙项”或“宇宙常数”找回来（这已不是第一次了）。所谓“宇宙方程”是科学家研究宇宙学的基本方程，就像在牛顿的天体研究中的万有引力定律一样。在万有引力定律的方程中有一个万有引力常数，而宇宙方程中也有一个“宇宙常数”。

所谓“宇宙常数”的意思是什么呢？现在的解释大体上是体现着“暗能量”的作用，它就像“暗物质”一样是无法观测到的，但却存在着引力效应。虽然“暗能量”只是一些假设，但却能解释现象。

具体来说，“可见的”物质由电子和质子构成，它们可以释放出电磁信号，所以它们是“可见的”。“暗物质”则是电中性的，它们的质量不为零，性质很稳定，这种“暗物质”粒子的寿命很长，甚至比现在的宇宙寿命还要长。对于“暗能量”的认识却很有限，大多是猜测性的。简单地讲，由于在宇宙膨胀之初，宇宙的空间较小，宇宙中存在的“万有斥力”不明显，而“万有引力”很明显；在宇宙不断膨胀之后，今天的宇宙在大尺度下显示出了“万有斥力”。这种“万有斥力”就是“暗能量”的表现。“暗能量”不仅与“万有斥力”相关，而且还可用“宇宙常数”来表示，“暗能量”的密度正比于“宇宙常数”。正是由于“宇宙常数”太小，长期以来，“暗能量”的效应很小。也正是今天的观测使科学家能估计“宇宙常数”的大小，进而再估计“暗能量”的大小。随着宇宙膨胀，“暗能量”还会增大，但“暗物质”和“可见物质”却不变。也许，随着研究的不断深入，对“暗能量”的“暗”可以认识的更清楚，或许不再“暗”了。

尽管新的研究结果表明，宇宙膨胀是确实的，但是疑云依然存在。不过，就像爱因斯坦和波兰物理学家英费尔德曾说：

提出一个问题往往比解决一个问题更重要，因为解决一个问题也许仅仅是一个数学上的或实验上的一个技能而已。而提出新的问题，新的可能性，从新的角度去看旧的问题，却需要创造性的想象力，而且标志着科学的真正进步。

从 20 世纪中叶以来，宇宙膨胀模型是宇宙学研究的重要成果。从这个不断得到改进的理论来看，宇宙从时间和空间上是有限的，光的传播速度是有限的，光要行遍宇宙的空间是不可能的。另外，如果从光的红移现象来看，宇宙是膨胀的，光谱向红端移动，光在一个膨胀着的宇宙中行进所造成的红移效应，使光谱已移动到微波的波段，也就是在宇宙中形成了微波背景辐射。可见，“从新的角度去看旧的问题，却需要创造性的想象力”的。在科学的道路上，是没有平坦的大路可走的，只有在那崎岖小路上攀登的不畏劳苦的人们，才有希望到达光辉的顶点。

CMB 实验最基本的观测量是背景辐射的强度，显示的是普朗克卫星观测到的最新的 CMB 温度涨落各向异性的功率谱。CMB 温度涨落功率谱和宇宙学模型的众多参数有关联，通过分析 CMB 温度涨落功率谱，能以极高精度测量各类宇宙学模型的参数，严格限制各类宇宙学模型，这是普朗克数据公布的宇宙学部分的主要科学结果。

CMB 观测的背景辐射来自于宇宙的极早期，所包含的信息对于研究暴涨模型是非常重要的。在与部分暴涨模型的理论预期进行比较后，可以看出部分暴涨模型已经被目前的数据所排除，还有一些模型也可以给出很好的限制。

今天的宇宙包含了很多的物质组分，比如冷暗物质、暗能量、普通重子物质和辐射等。随着宇宙的膨胀，辐射物质在今天宇宙中所占比重已经非常得小，可以忽略不计。暴涨模型预言今天的宇宙是非常平坦的。利用普朗克卫星的数据，说明今天的宇宙是非常平坦的，这与暴涨模型的预言符合得很好。

在平坦宇宙的假设下，普朗克卫星测得的数据已经在非常高的精度上证明了冷暗物质和暗能量的存在。宇宙各物质组分的结果和之前 WMAP 卫星数据得到的结果有一定的出入，如图中所示，暗能量的组分有一定程度的减少，而物质组分有所增加，主要原因来自于对今天哈勃常数的测量存在一定的偏差。普朗克卫星之前，WMAP 卫星对于哈勃常数的测量为 $H_0=67.8\sim72.2$，而现在普朗克卫星给出的测量结果是 $H_0=66.0\sim78.8$，正是这一改变导致了宇宙中各物质组分的比重发生了一定的修改。这一结果和其他宇宙学观测还存在着一定的差异，还需要进一步的研究。

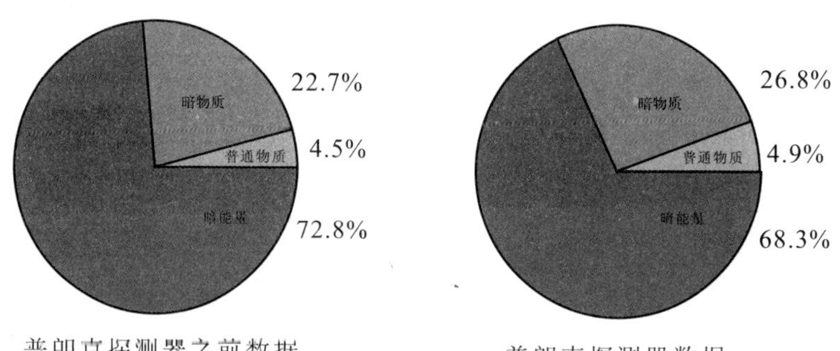

普朗克探测器之前数据　　普朗克探测器数据

普朗克卫星数据前后宇宙各物质组分比重的结果比较

由于普朗克卫星数据分析结果显示宇宙中的暗能量比原先认为的更少，而可视物质的组分变得更高一些，使得宇宙的膨胀速度要比我们之前原先认为的更慢一些，宇宙年龄则比原先的计算结果更古老，达到（138.13±0.58）亿年，这比此前 WMAP 卫星数据给出的约 137 亿年早了大约 1 亿年。

中微子质量对于 CMB 温度涨落会有一定的影响，特别是小尺度上，不过影响并不明显，所以利用 CMB 数据对中微子质量和的限制比较弱。测量结果是与标准模型的预言相符合，排除了第四代中微子的存在。

2003 年，由斯隆（Sloan）基金会提供基金，以资助一项国际性的研究项目——斯隆数字太空勘测（简称为 SDSS）。有众多单位参加研究，科学家从大量的观测数据入手，他们得到一些重要的结果。到 2003 年年底，《科学》杂志将这一研究成果选入当年的科技成果，并被定为第一。

虽然暗物质的存在已有定论，但暗物质是什么，仍然没有定论。如果中微子成为暗物质的成分之一，而且确定中微子质量并非是像过去的看法（质量是零）。中微子的质量是不为零的，但宇宙中中微子的总质量的数据仍然是很小的。今天的研究表明，暗物质粒子的身份尚未能确定。这也吸引了众多物理学家在加速器中去寻找暗物质的“身影”。

暗能量是近年来在宇宙学中的研究课题之一，还是相当热门的课题。关于暗能量的证据，观测上得到了两个。一个是对于遥远超新星的观测，科学家发现，宇宙的膨胀并不是像哈勃观测的结果——匀速的膨胀，而是加速的膨胀。从爱因斯坦的引力场方程来分析，这种加速的膨胀说明，在宇宙中存在着一种“负压强”的现象，即所谓的“暗能量”现象。另一个证据是，借助对宇宙背景辐射的测量，可以精确地测量宇宙的总密度。如果将普通物质与暗物质加起来，只占到宇宙质量的 1/3，还差 2/3 呢！这种“短缺”的部分就被称为“暗能量”。暗能量的基本特征是具有“负压强”。这种“负压强”在宇宙空间中几乎是均匀分布的，或者是不“结团”的。从 WMAP 的数据看，暗能量约占宇宙物质的

73%，从 Planck 卫星的数据看，暗能量约占宇宙物质的68%，可见具有“负压强”的暗能量主宰着宇宙。

对于暗能量，除了需要进行更大量的和更精密的观测，还要发挥人类的创造性，提出新的理论，以说明宇宙膨胀的现象。

暗能量的发现向物理学家提出了巨大的挑战，当然也使物理学家面临着巨大的机遇，物理学研究不再局限于宏观的世界和微观的世界，而是要扩展到宇观的世界。也许这些新的现象可以实现物理学理论真正的统一，引发更大的物理学革命。

●宇宙图像中的反常现象

到目前为止，普朗克卫星的观测结果和标准宇宙学模型的预言符合得非常好，高精度的实验数据对于宇宙学模型的相关参数给出了非常精确的测量。但是，这些数据还发现了一些和标准宇宙学模型不自洽的反常现象，这些反常现象促使科学家们去思考，是否在标准的宇宙学模型背后还隐藏着更深层次的物理。

在这些反常现象当中，通过比较实际观测到的全天空 CMB 温度涨落图像和最佳理论模型所给出的预期图像，可以得出他们之间的不一致。在大的观测尺度上，还存在着明显的温度涨落现象，这说明实际观测到的 CMB 温度涨落没有理论预言的那么强。这一结果在最初的 WMAP 卫星观测数据中已经被发现了，国内外众多学者利用众多模型对这一反常现象进行解释，现在更高精度的普朗克卫星也发现了这个反常，可进一步深入研究现有的宇宙学模型。

普朗克卫星发现的半球不对称现象和冷点现象

普朗克卫星数据还发现在 CMB 全天空温度涨落图像的两个半球上 CMB 的信号并不一致。图中显示的是 CMB 全天空温度涨落图像，横穿图像的白色实线（像一个“轴线”）将图像分为南北两个半球。通过颜色即可发现，南半球的 CMB 平均温度要明显高于北半球的平均温度。这一反常现象似乎在暗示宇宙在大的观测尺度上并不是高度的各向同性，部分区域的信号要明显强于全天空的平均信号。此外，普朗克数据还在南部天区发现了一块很大面积的“冷点”（也叫“冷斑”），其温度要明显低于全天空的 CMB 平均温度。这些反常现象将促使我们回头去重新思考宇宙学研究中的一些最基本的假设，希望借助对普朗克卫星数据的进一步分析将会最终揭开这些反常现象的缘由。

现代的宇宙学观测，特别是 CMB 观测，强有力地支持大爆炸宇宙学，并认为宇宙在极早期存在一个暴涨过程。暴涨模型的众多预言都已经被实验观测所证实，比如宇宙的平坦性等。

今天宇宙的年龄为 138 亿年，相比之下，38 万年只是一瞬而已。具体比较之，如果将 138 亿年当成 1 天，那么 38 万年就只有区区 2 秒了。但这“2 秒”却包含了关于宇宙起源的最重要信息。这也大大激发了宇宙学研究人员的积极性，他们的成功也得到了很好的回报，除了 1978 年度的诺贝尔奖之外，2006 年度和 2011 年度的诺贝尔物理学奖也授给了宇宙学研究领域的科学家，以表彰他们关于宇宙的起源、宇宙的加速膨胀和宇宙中的暗能量的发现。

作为一个补充，现在关于暗能量的认识应该是很初步的。例如，宇宙常数是一个常数还是一个变量？若是一个变量，它会变大还是会变小？甚至在曾经的暴涨过程中，科学家们设计了一些模型，这些模型也尚未得到观测上的支持。从（以往的）物理学发展历程看，宇宙应该是简单的，但是那“轴线”却超出了科学家们的期望。当然，这样的宇宙图像会为小说家带来灵感。也许，在“星球战争”的传奇之中，这个“冷斑”和“轴线”会形成一些好战者“聚居”的基地。

●科学家们在实验室中复制“宇宙大爆炸”

科学家们不满足于对宇宙起源的理论研究，他们也曾借助于欧洲大型强子对撞机（LHC）来模拟宇宙“大爆炸”，并且完成了“宇宙大爆炸”的实验，在对撞机中产生了一个温度比太阳核心温度高出100万倍的火球。这样的温度足以熔化质子和中子。

在这个对撞机中，它的强大磁体可令铅离子以接近于光速的速度在地下数百千米的隧道内高速运转。科学家们研制成两个铅离子束，它们分别以相反的两个方向飞行，最后聚焦变成一个狭长的光束，在对撞机的探测器中撞击。希望通过夸克与胶子等离子体，让他们对强作用力有更多的了解。强作用力是自然界存在的四种基本作用力之一。

离子撞击试验探测器是大型强子对撞机的组成部分。大型强子对撞机是世界上最大、能量最高的粒子加速器，旨在探究宇宙起源，它建在法国与瑞士边境地下一条27千米长的环形隧道内。

大型强子对撞机共有4台探测器构成，它们分别安装在环形隧道的4个地下巨洞内，分布在大型强子对撞机周围。其中，离子撞击试验探测器高16米、宽26米、重约1万吨。来自全球30个国家100个科研机构的大约1000位物理学家和工程师参与了离子撞击试验探测器实验。

理论物理学家认为，在LHC铅原子核对撞实验中产生的超高密度和压力条件下，将出现一种新的物质态——夸克—胶子等离子体。在这种物质态中，物质的最基本粒子夸克和胶子，将脱离核子（质子和中子等），大型“离子撞击试验探测器”（ALICE）和强子对撞机的设备可用于探测铅核高能对撞时发出的粒子，寻找证据，验证或推翻现存关于夸克—胶子等离子体理论。

宇宙学家认为，如果夸克—胶子等离子体真的存在，那么极早期宇宙——大爆炸后不超过1微秒（1/1 000 000秒）中应当充斥着这种物质状态。

另外，宇宙“大爆炸”发生后，出于某种原因，致使物质和反物质不平衡，且有利于物质的形成。否则，物质和反物质保持平衡，宇宙不会像现在这样充斥物质，而会充斥射线。

三、宇宙中的极端天体

浩瀚的宇宙是由多种多样的物质构成的，种种不同的天体则是宇宙呈现给我们的宇宙“小家伙”，主要有：恒星、行星、卫星、彗星、小行星、星团和星系，还有陨星和星际物质等。不同的天体，有着不同的科学内容，认识它们可以帮助我们认识宇宙。宇宙中的天体也实在是太多了，所以种种极端的天体形态也一直吸引着科学家。

恒星的演化

在观察天体的时候，人们既看到了很多像流浪汉一样不停移动的行星，也看到了许多停留在自己位置上一动不动的恒星。恒星的最初只含氢元素，恒星内部的氢原子不断地相互碰撞，当温度达到上千万度时就会发生核聚变。由于恒星质量很大，聚变产生的辐射压力足以与恒星万有引力抗衡，进而维持恒星的稳定。核聚变使氢原子聚合并形成新的元素——氦元素。氦原子也参与核聚变，生成锂元素。如此类推，按照元素周期表的顺序，会依次有铍元素、硼元素、碳元素、氮元素等生成，直至铁元素生成。

当一颗恒星“衰老”时，它的热核反应已经耗尽了中心的燃料（氢），它没有足够的辐射压力来抵抗外壳巨大的重量。在外壳的重压之下，核心开始塌缩，物质将向着中心点塌落，直到最后形成体积小、密度大的星体。

中子星并不是恒星的最终状态，它还要进一步演化。它温度很高，能量消耗也很快，因此，它通过自转减缓以消耗角动量维持光度。当它的角动量消耗完以后，中子星将变成不发光的黑矮星。

恒星演化是十分缓慢的过程。天文学家根据对各种各样的恒星的观测和理论研究，弄清楚了恒星的一生是怎样从孕育到诞生，再从成长到成熟，最后到衰老、死亡的整个过程。恒星演化论，是天文学中关于恒星在其生命期内演化的理论。

恒星的亮度和颜色依赖于其表面温度，表面温度则依赖于恒星的质量。大质量的恒星需要比较大的辐射压力来抵抗对外壳的万有引力，燃烧氢的速度也快得多。

恒星形成之后要经历或长或短的“主星序”阶段，这相当于恒星的“中年阶段”。小而冷的红矮星会缓慢地燃烧氢，可能在“中年阶段”上停留数千亿年，而大而热的超巨星会在仅仅几百万年之后就离开“主星序”。像太阳这样的中等恒星会在“主星序”上停留100亿年。当前，太阳位于“主星序”的阶段，处于“中年阶段”。在恒星燃烧完核心中的氢之后，就会离开主星序，会形成红巨星或超巨星。

当恒星消耗完核心中的氢，核心部分的核反应会停止，而留下一个氦核。通常，大质量的恒星会比小质量的恒星更快消耗完核心的氢。

一旦核心的温度达到了 1 亿开，核心就开始进行氦聚变，所产生的辐射压力来抵抗引力。恒星质量不足以产生氦聚变的会释放热能，逐渐冷却，成为白矮星。

高温的核心会造成恒星膨胀，使星体增大了数百倍，成为红巨星。红巨星阶段只会持续数百万年，并逐步走向 3 种结局，即白矮星、中子星、黑洞。

密度极高的白矮星

恒星的生命是漫长的，当恒星走向它们生命的终结的时候，会产生许多奇特的“残骸”，这些“残骸”与恒星自身的质量有着密切的关系。

20 世纪初，一些天文学家注意到白矮星，白矮星的名字是威廉·鲁伊登在 1922 年命名的。它属于寿命短的恒星，这与它的质量有着密切的关系。质量越小的恒星，它的寿命越长。为了方便，我们在衡量恒星质量的时候，都以太阳的质量作为基本的单位。太阳的寿命大约是 100 亿年，而一颗质量只有太阳一半的恒星，其寿命则可以达到 500 亿年；而恒星的质量如果达到太阳的 10 倍的话，寿命就会缩短到只有 10 亿年了。

从计算机模拟恒星演化的过程来看，小于 0.5 倍太阳质量的恒星，在完全燃烧掉其内部的氢之后，就会终止进一步的燃烧活动，然后慢慢地暗淡下去，沉寂在宇宙之中。中等质量的恒星在走向死亡的过程中，要经历一个“回光返照”的过程。它们在内部的氢燃烧之后，会由氢燃烧生成的氦，再进一步燃烧生成碳和氧。这个星体就会发生膨胀，变成了一颗红巨星。如果红巨星没有足够的质量产生能让碳燃烧以获取更高的温度，碳和氧就会在核心堆积起来。恒星散发外面数层气体后，就逐渐形成行星状星云，留下来的只有核心的部分。这个“残骸”最终将成为白矮星。因此，白矮星通常都由碳和氧组成，也有可能形成核心由氧、氖和镁组成的白矮星。

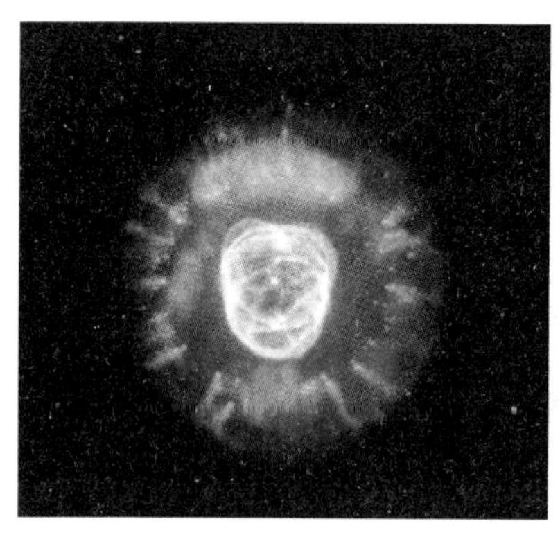

恒星塌缩成白矮星

白矮星的密度极高，1厘米^{3}的白矮星物质能达到几十吨重。一颗质量与太阳相当的白矮星，其体积只有地球一半的大小。以天狼星的伴星（Sirius B，也戏称为“小狼”）为例，一颗与地球体积相当的白矮星的表面重力约等于地球表面的18万倍。若人可以到达白矮星的表面，他永远都不会站起来了。由于白矮星表面的引力会特别大，以致人的骨骼早已被自己的体重压折了。在太阳附近区域的恒星中，已知大约有6%是白矮星。白矮星的密度虽然大，但它的质量并不很大，最大的白矮星不会超过1.44个太阳质量。

白矮星的表面温度很高，平均为10^3摄氏度。白矮星的磁场高达10^5～10^7高斯。白矮星所释放的光极其微弱，这光是来自于过去储存的热能。

白矮星形成时的温度非常高，因为没有能量的来源，将会逐渐释放它的能量并逐渐变冷。经过漫长的时间，白矮星的温度将降低到使得它发出极弱的光线，这时的白矮星就变成了褐矮星，并渐渐变成黑矮星。但是，在宇宙中还见不到黑矮星，因为它需要的时间太长，100多亿岁的宇宙中还不能形成这样的天体。

我们的太阳最终也将会变成一颗白矮星，但那是几十亿年之后的事情了。

宇宙中的“小绿人”——脉冲星

1934年，天体物理学家提出了中子星的概念，指出中子星可能产生于超新星的爆发。1939年，美国物理学家奥本海默（后来成为美国的“原子弹之父”）和沃尔科夫通过计算建立了第一个中子星的模型。虽然早在30年代，中子星就作为假说而被提了出来，但是一直没有得到证实，人们也不曾观测到中子星。因为理论预言的中子星密度大大超出了人们的想象，当时的人们甚至还对这个假说抱怀疑的态度。直到1967年，英国科学家休伊什的学生贝尔首先发现了脉冲星。在对脉冲星的相关数据进行计算的时候，发现它的脉冲强度和频率只有像中子星那样体积小、密度大、质量大的星体才能达到。这样，中子星才真正由假说变成了事实。这是 20 世纪天文学上的一件大事。因此，脉冲星的发现被称为 20 世纪 60 年代的四大天文学发现之一。

具体的过程是这样的。1967 年，贝尔偶然接收到一种奇怪的电波。这种电波每隔 1～2 秒发射一次，就像人的脉搏一样，人们曾一度把它当成是宇宙中的“小绿人”的呼叫。后来，贝尔和休伊什弄清了这种奇怪的电波，它来自一个前所未知的特殊恒星，即脉冲星。中子星一边自转一边发射像电子束一样的电脉冲。该电脉冲像灯塔发出的光一样，以一定的时间间隔掠过地球。当它正好掠过地球时，我们就可以测定它的有关数值。脉冲星是高速自转的中子星，但并不是所有的中子星的脉冲都能被地球上的人接收到。因为当中子星的辐射束不扫过地球时，我们就接收不到脉冲信号。

脉冲星的发现不仅验证了 30 年代理论工作者的预言，也大大开拓了天文学家的视野，大大深入了对恒星演化理论的研究，为此，休伊什获得 1974 年度诺贝尔物理学奖，但稍有遗憾的是，贝尔的工作被忽视了。

中子星的温度高得惊人。表面温度可达到 1000 万摄氏度，中心还要高，可达到 60 亿摄氏度。与太阳相比，太阳表面温度只有 6000 摄氏度，中心温度约 1500 万摄氏度。因此，中子星的辐射非常强，可辐射 X 射线、γ 射线和可见光，是太阳的 100 万倍。脉冲星在 1 秒钟内辐射的总能量若全部转化为电能，就够我们地球用上几十亿年。另外，脉冲星发出的无线电脉冲规律非常强，两个脉冲的间隔

（即周期）十分稳定和精确，其精准的程度可与原子钟相媲美。

脉冲星的压力也大得惊人。地球中心的压力大约是300万个大气压。脉冲星的中心压力可达10 000亿亿亿个大气压，比地心压力强30万亿亿倍，比太阳中心强3亿亿倍。

脉冲星的磁场特别强。在地球上，地球磁极的磁场强度最大也只有0.7高斯。太阳黑子的磁场算是强得不得了，一般1000～4000高斯。脉冲星表面极区的磁场强度就高达10 000亿高斯，甚至达到20万亿高斯。

由此可见，中子星的性质非常独特，是在地球实验室中永远也无法达到的。据估计，银河系内中子星的总数至少应该在20万颗以上。

在恒星晚年爆发的超新星之中，当电子被压入原子核，与质子结合成为中子。这使原子核互相排斥的电磁力消失后，恒星成为一团密集的中子。这样的恒星被称为中子星。形成中子星的质量要求是塌缩的内核质量超过1.44倍太阳的质量，小于3.2倍太阳的质量。

中子星极其致密。由于恒星大部分角动量仍未丧失，它们的自转会极快，有些甚至达到每秒钟600转。恒星的辐射会被磁场局限在磁轴附近，而随恒星旋转。如果磁轴在自转中会对准地球，那么在地球上每次自转过程中都可能观测到一次恒星的辐射。这就是中子星被称为脉冲星的缘由，也是最早被发现的中子星。

对于大质量恒星，当它们走向死亡时可能有两种不同的结局：中子星和黑洞。

恒星演化到末期，发生超新星爆炸之后形成中子星。当质量未达到可形成黑洞的恒星，在生命终结时会形成由中子构成的恒星——中子星。

中子星

中子星是处于演化后期的恒星，能形成中子星的恒星，它的质量要更大。但中子星与白矮星的区别，不只是生成它们的恒星质量不同。在中子星里，由于密度特别大，引力也特别得大。如此大的引力作用在星体物质上形成巨大的“压力”，这样大的压强甚至能把电子压缩进原子核中，与质子结合成中子，使恒星变得仅由中子组成。中子星的质量非常大，以至于光线通过中子星的时候都会被改变路径。一颗典型的中子星质量为太阳质量的 1.35～2.1 倍，半径则在10～20千米（质量越大半径收缩得越小），也就是太阳半径的 1/70 000～1/30 000。

神秘莫测的黑洞

黑洞的结构是很简单的，可用“黑洞无毛”来形容。这是说，黑洞只需 3 个物理量，即质量、电荷和角动量。可见，如果知道了黑洞的质量、角动量和电荷，也就知道了它的一切。黑洞的大多数术语出自美国物理学家惠勒，他曾把黑洞的这种特征称为“黑洞无毛”。

根据黑洞本身的物理特性，即质量、角动量和电荷划分，可以将黑洞分为 4 类。

不考虑角动量和电荷的黑洞，它的时空结构于 1916 年由德国物理家史瓦西（1873～1916）求出，故而称为“史瓦西黑洞”。

不考虑角动量、但带电的黑洞，称为 R—N 黑洞。时空结构于 1916～1918 年由赖斯纳和纳自敦求出。

有角动量且不带电的黑洞称为克尔黑洞。时空结构由克尔于 1963 年求出。

一般的黑洞则称为克尔一纽曼黑洞。时空结构于 1965 年由纽曼求出。

当超新星爆发后，它的“残骸”并非都形成中子星。如果恒星质量足够大，引力大到连中子也会被压碎，使恒星的半径小于史瓦西半径，就会形成一个黑洞。

形成黑洞的质量要使塌缩的内核质量超过 3.2 倍太阳的质量。

黑洞是大质量恒星走向死亡的另一种“残骸”。黑洞的产生过程类似于中子星的产生过程，恒星在自身重力的作用下迅速向核心收缩，并发生强烈爆炸。超新星爆发后，如果星核的质量超过了太阳质量的 2～3 倍，它就继续塌缩，最后成为一个体积无限小而密度无穷大的奇点，并从人们的视野中消失。围绕着这个奇点有一个边界，被称为“视界”，这个区域的半径称为“史瓦西半径”。任何进入这个区域的物质，包括光线，都无法摆脱这个奇点的巨大引力而逃逸，它们就像掉进了一个无底深渊，永远不可能返回。

当核心物质都变成中子时收缩过程就停止，并形成一个极为致密的星体，同时也大大压缩了内部的空间和时间。形成黑洞后，由于恒星核心的质量大到使收缩无休止地进行，形成一个密度高得难以想象的物体。甚至使得任何靠近它的物体都会被它吸进去，最终形成了黑洞。这个“黑”字是说黑洞就像太空中的“无底洞”，任何物质一旦掉进去，就再不能逃出。

黑洞是人们无法直接观察的，其原因是弯曲的时空。对于普通恒星来说，恒星的时空弯曲使光线的路径改变了，光在恒星表面附近会向内偏折，在日食时可以看到这种偏折现象。当该恒星塌缩时，导致时空极度弯曲，光线向内偏折得也更厉害。由于黑洞使光线几乎逃不掉了，也就没有光线到达人的眼睛，那里只能是一片黑暗。

宇宙中大部分星系，包括我们居住的银河系的中心都隐藏着一个超大质量的黑洞。这些黑洞的质量大小不一，有的质量相当于大约 100 万个太阳质量，还有的质量相当于大约

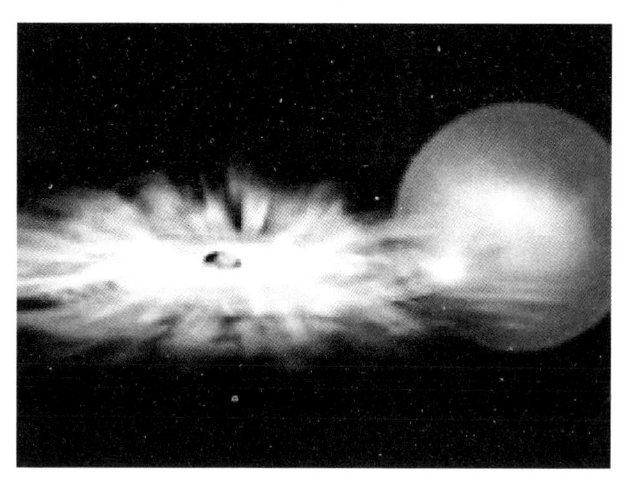

黑洞

100 亿个太阳质量。美国加州大学伯克利分校的一个研究小组，曾发现了两个黑洞，这是到目前为止科学界发现的最大的黑洞了。它们位于银河系的中心地带，距离地球约 2.7 万光年，每个质量都达到太阳的 100 亿倍。

黑洞周围聚拢的气体产生辐射，这种现象被称为吸积。高温气体辐射会严重影响吸积流的特性。当吸积气体接近黑洞时，所产生的辐射对黑洞的自转极为敏感。

著名的英国物理学家斯蒂芬·霍金利用广义相对论和量子力学研究黑洞。根据广义相对论，没有任何物质或者信息可以从黑洞中逃出，但是量子力学允许一些例外（在特定条件下物质发生“隧道”现象，物质能够通过一条假想的隧道穿过障碍）。黑洞的存在被绝大部分天文学家支持。霍金是受灵感的启发，他运用广义相对论和量子理论，他发现黑洞周围的引力场释放出能量，同时消耗黑洞的能量和质量。

1973 年，霍金和卡特尔等人严格证明了“黑洞无毛定理”：“无论什么样的黑洞，其最终性质仅由几个物理量（质量、角动量、电荷）唯一确定”。即当黑洞形成之后，只剩下这 3 个不能变为电磁辐射的量，其他的“毛发”都丧失了，黑洞几乎没有形成它的物质所具有的任何复杂性质，对前身物质的形状或成分都没有记忆。

黑洞也会发出强烈的光，体积也会缩小，甚至爆炸。当斯蒂芬·霍金做出这个预言时，整个科学界都为之震动了，大家觉得这个预言太不可思议了。霍金把广义相对论和量子理论结合起来后，他发现，黑洞不断地向周围释放着能量，消耗着黑洞的能量和质量。当黑洞的质量越来越小时，它的温度却越来越高。当黑洞损失质量，它的温度和辐射就增加，这使它的质量损失得更快。这种辐射被称为“霍金辐射”。对大多数黑洞来说“霍金辐射”可忽略不计，大质量的黑洞辐射很慢，但小黑洞则不同，它会以极高的速度辐射着能量，甚至引起黑洞的爆炸。

假设一对粒子在任何时刻、任何地点被创生，被创生的正粒子与反粒子，如果这一创生过程是在黑洞附近就会发生两种情况，即两粒子湮灭或一个粒子被吸入黑洞。当一个粒子被吸入黑洞时，在黑洞附近创生的另一个反粒子会被吸入黑洞，正粒子会逃逸。由于能量不能凭空创生，假设反粒子携带负能量，正粒子携带正能量，而反粒子的运动可以视为一个正粒子相反的过程，如一个反粒子被吸入黑洞可视为一个正粒子从黑洞逃逸。这就是一个携带着从黑洞里来的正能量的粒子逃逸了，即黑洞的总能量少了，而爱因斯坦的公式

$E=mc^2$ 表明，能量的损失会导致质量的损失。

霍金还证明，每个黑洞都有一定的温度，温度的高低与黑洞的质量成反比例。也就是说，大黑洞温度低，蒸发微弱；小黑洞的温度高蒸发也强烈，剧烈的爆发。一个太阳大小的黑洞，大约要 10^{66} 年才能蒸发殆尽；一颗小行星大小的黑洞在 10^{-21} 秒内就会蒸发得干干净净。

对于黑洞的研究，在许多年天文学家的努力下，终于成功观测到黑洞。但是，科学家不满足于只是被动观测，而是试图在实验室内来造一个黑洞，以从实验上研究它。2005 年 3 月，美国科学家制造出了第一个“人造黑洞”。在美国纽约布鲁克海文实验室，他们于 20 世纪 90 年代末建造了一台粒子加速器，将金离子以接近光速的速度对撞，并生成高密度的物质——黑洞。虽然这个黑洞的体积很小，却具有黑洞的许多特征。例如，这架重离子对撞机利用金离子相互碰撞，在实验室里产生灼热火球，它具备了黑洞的显著特性。“人造黑洞”的设想是 20 世纪 80 年代被科学家提出的。

2008 年 9 月，欧洲的大型强子对撞机成功运行。这架大型强子对撞机也可以制造“人造黑洞”。在 2009 年 10 月，世界上第一个“可吸收微波的人造黑洞”在中国东南大学实验室里诞生。这相当于，人们可以把这种“黑洞”装进自己的口袋里。

上帝憎恶裸奇点

罗杰·彭罗斯是英国著名的数学家和数学物理学家。1965～1970年，彭罗斯根据广义相对论，他发现，黑洞中存在无限大密度和空间一时间曲率的奇点。在奇点处，科学定律和预言能力都失效了。然而，任何处在黑洞之外的观察者，却不会受到可预见性失效的影响，因为从奇点出发的不管是光还是任何其他信号都不能到达。令人惊奇的是，罗杰·彭罗斯提出了“宇宙监督”猜测，它的意思是：“上帝憎恶裸奇点。”这就是说，由引力塌缩所产生的奇点只能发生在像黑洞这样的地方，而不被外界看见。严格地讲，这是“弱的宇宙监督”猜测。

从广义相对论方程中求解“裸奇点”时，为了避免撞到奇点上，可穿过一个“虫洞”到宇宙的另一区域，这也为空间-时间内的“旅行”提供了可能性。不幸的是，所有这些解都不稳定。奇点总是发生在它的将来，从不会发生在过去。“强的宇宙监督”猜测是说，在一个现实的解里，奇点总是或者整个存在于将来（如引力塌缩的奇点），或者整个存在于过去（如大爆炸）。因为在接近“裸奇点”处可能旅行到过去，所以，“宇宙监督”猜测的某种形式的成立是大有希望的。

1931年8月8日，罗杰·彭罗斯出生于英国埃塞克斯的一个医生家庭。他的父亲是著名的人类遗传学家莱昂内尔·彭罗斯，罗杰·彭罗斯先进入伦敦大学的附属中学，而后进入伦敦大学学院。他在 1957 年被授予剑桥大学博士学位。他曾与父亲一起合作，设计出稀罕的几何图形。他的设计被荷兰艺术家艾斯丘（1898～1972，因创立光学幻影而闻名）收入版画中。1964 年在美国奥斯丁的德克萨斯大学工作时，罗杰·彭罗斯开始提出一种观点，他在牛津大学工作时，继续发展了这一观点——磁扭线理论的新的宇宙理论。1965 年，他的以著名论文《引力坍塌和时空奇点》为代表的一系列论文，和著名数学物理学家斯蒂芬·霍金一起创立了现代宇宙论的数学结构理论。

彭罗斯比出生于 1942 年的霍金大了 11 岁，二人合作研究过物理学，进行了奇点定理的证明。我们在下面对这个定理稍加解释。严格地说，我们应该称彭罗斯为彭罗斯爵士，因为在 63 岁的时候，他被授勋为爵士。

彭罗斯对数学物理的贡献集中在和爱因斯坦的引力理论相关的问题上，而这些问题都和几何有关。

彭罗斯在引力和几何领域都有很大的影响。他先于霍金研究引力理论中奇点问题，那时他才 34 岁。在爱因斯坦看来，万有引力并不是传统的力，它能使时间和空间弯曲。当时空弯曲了，所有的物体走最短的路径，这些短程路径看上去像引力作用在物体上。时空弯曲最典型的是黑洞，在黑洞周围存在一个曲面，在曲面内，光线的短程线不能到达黑洞的外部。彭罗斯证明，在大质量天体塌缩成黑洞的过程中，必然存在一个点，所有的塌缩物质在这个点之后不再扩散。这就是几何上的奇点。这就是“毁灭”之点，越是靠近这个点，引力产生的“潮汐力”越大，最终归于毁灭。从物理学的角度来看，在这个点上，所有的物理学定律不再适用。霍金后来与彭罗斯一起将奇点的存在性证明推广到更加一般的情况，包括早期宇宙。

奇点的存在一直是物理学中的一个难题，但它们总是被所谓的视界包围起来。视界之外我们就什么也看不到。1969年，彭罗斯提出了著名的“宇宙监督”原理，该原理保证任何时空奇点都会被视界包围起来。这个猜测还是引力理论中的一个难题。

轮椅上的生命传奇

在剑桥大学的一次科学研讨会上，霍金事先准备了一段录音，他说：“为了人类的未来，我们必须继续航向宇宙。如果不离开这个脆弱的星球，我认为人类不能幸存到下一个千年。”他在参加英国广播公司录制节目时也表达了相同的意思。霍金认为，未来1000年内，地球会因某场大灾难而毁灭，如核战争或温室效应，因此他强调人类必须移居其他星球。

已是古稀之年的霍金，一直在思考宇宙的起源和本质，他的预言一再挑战人类的想象力。他宣称，“在宇宙中的其他地方寻找有智慧的生命将是‘人类最伟大的科学发现’。”但他也提醒，试图与不同文明的外星人交流是一件非常有风险的事情，“若外星人来拜访我们，结果可能就和欧洲人到达美洲时一样，美洲原住民并没有得到什么好处”。

霍金讲道：“人类灭绝是可能发生的，但却不是不可避免的，我是个乐观主义者，我相信科学技术的发展和进步最终可以带领人类冲出太阳系，到达宇宙中更遥远的地方。”他还乐观地认为，在太阳系范围内、甚至更远的宇宙深处建立我们未来的“殖民世界”，不存在技术障碍。霍金还说：“记得抬头眺望星际，不要垂首看着自己脚下；尝试理解所见，并思索宇宙何以存在。要怀着好奇心，不管人生看似多么困难，永远都有你能做到而且成功的事。”在迎接“地球末日”的到来时，他的话语给了人们希望和勇气。

霍金是“继爱因斯坦以后世界上最杰出的理论物理学家”，他是一位生活强者。他还以科普的传奇而闻名于世，这又使他成为科学爱好者的偶像。

霍金出生于 1942 年 1 月 8 日，这一天恰好是近代物理学的奠基人伽利略逝世 300 周年纪念日，几天前还是牛顿的生日。似乎小霍金一生下来头上就罩上了光环，其实，就像霍金自己说的那样，这一天大约有 20 万个孩子出生。上学期间，霍金的成绩并不突出，他喜欢音乐，特别是莫扎特和贝多芬的作品，同学们还给他起了一个外号——“爱因斯坦”。他经常和同学们一起讨论科学和宗教问题，如宇宙的起源和宇宙的运行是否需要上帝的作用。当霍金听到“红移”时，他猜想是光线在行进途中因为劳累而变红。这当然是不对的。正确的解释是，当发光体朝你走来，与不动光源的光谱相比，它的光谱要向红端移动；反之，发光体背你而去，光谱要向紫端移动，称作紫移。霍金说：“在我幼年时，我对所有的科学都一视同仁。十三四岁后我希望自己要在物理学方面做研究，因为这是最基础的科学，物理学和天文学有望解决我们从何处来和为何在这里的问题。我想探索宇宙的底蕴。”

仰观宇宙之宏，俯察粒子之微。物理学联系着“至大”宇宙和“至小”的粒子。霍金后来确定要研究宇宙学，因为宇宙学方面已经有了一个完好的理论，即爱因斯坦的广义相对论。广义相对论是研究宇宙学的基础。

1963 年，不幸袭来。霍金被诊断出“卢伽雷氏病”（运动神经元疾病），不久就会完全瘫痪，他将永远禁锢在轮椅之中。这对一个年仅 21 岁的年轻人来说，真如“五雷轰顶”啊！在 1985 年，他因为肺炎进行了穿气管手术，此后就完全不能说话了。此后，他只能靠 3 根手指和安装在轮椅上的语言合成器进行交流。在这样的艰难之中，霍金却成长为世界公认的宇宙科学的巨人。1974 年，他当选为英国皇家学会会员，成为最年轻的会员；1980 年他当上剑桥大学的卢卡斯讲座教授，牛顿曾经也曾担任该讲座的教授。他获得了物理学界两项大奖，即 1978 年的爱因斯坦奖和 1988 年的沃尔夫奖。

霍金的科普作品中没有枯燥的公式，他融合了科学与人文，将他的科学思想和方法通过这些畅销书，传遍世界。霍金走进中国公众的视野是因为他的名著——《时间简史》。这本“关于宇宙本性最前沿认识”的科普著作被翻译成 40 种文字，销售量达 2500 万册。他把宇宙的知识散播在世界。他所构想的宇宙图景奇幻大胆，读他的《时间简史》，就像是自己亲历了宇宙的演化史。从时间的开端漫步到时间的终结，尽览宇宙的奇妙。他的《时间简史》还被搬上银幕，人们看着黑洞和基本粒子的画面，听着霍金敲打计算机键盘和计算机合成后的声音，为现代物理学和宇宙学理论的深奥所震撼，更加佩服霍金在承受巨大痛苦时仍在攀登科学高峰所表现出的伟大科学精神。他的另一力著《果壳中的宇宙》也获得了“安万特科学图书奖”。

霍金作为一个科学家，他关注人类的千古疑问——“存在之谜”。他认为，宇宙是在自然定律之下自然发生和演化的，并认为宇宙、万物、生命的存在意义是纯粹的自然主义，没有任何超自然因素，不需要上帝的干预与控制。他从科学事实出发，有力地解释了宇宙生成演化的基本物理过程，还原了宇宙纯自然的面目。不仅如此，霍金的作品中还有着深切的人文关怀。古今中外有许多哲学家、神学家和科学家，对“存在之谜”都有不同的回答。唐朝的张若虚在《春江花月夜》中，有这样几句诗：“江畔何人初见月？江月何年初照人？人生代代无穷已，江月年年只相似。不知江月待何人，但见长江送流水。”诗人对人生哲理与宇宙奥秘的思索跃然纸上。“天地无终极，人命若朝霜”的长叹，感慨宇宙的永恒，人生的短暂。即使个人的生命是短暂即逝的，而人类的存在则是绵延久长的，诗人虽有对人生短暂的感伤，但并不是颓废与绝望，而是缘于对人生的追求与热爱。霍金也有着同样的感慨：“我们个人存在的时间极为短暂，其间只能探索整个宇宙的小部分，但人类是好奇的族类。生活在这一广阔的、时而亲切时而残酷的世界中，人们仰望浩瀚的星空，不断地提出一长串问题：我们怎么理解我们处于其中的世界呢？宇宙如何运行？所有这一切从何而来？”这说明，霍金体察人类的疑惑与烦恼，试图将自身的研究融入其中，用科学回答宇宙“存在之谜”，从而洞察人类心灵深处的问题。

霍金从未放弃过对梦想的追求和同命运的争斗。2007年，65岁的霍金还实现了一个夙愿：他搭乘美国宇航局的飞机，进行了多次模拟失重飞行，亲身体验了失重的感觉。为此，他高兴地呐喊：“太空，我来了！”这个重度残疾的天才失重漂浮的画面也传遍了全世界。2012年4月，霍金还亮相了热播美剧《生活大爆炸》，虽然只出现两分钟，但剧迷们认为这是最精彩的一集。《生活大爆炸》是一部生活情景喜剧片，剧中夹叙众多的科学知识，让科学娱乐化，使娱乐渗透着科学的元素，将普通人与科学之间的距离拉近。霍金执著的探索精神征服了科学界，而他乐观的生活精神征服了全世界！

霍金成为电视荧幕上的大众“明星”，他一直都是人们心目中的神话。高龄的霍金，身体大不如前了，他的脸颊肌肉已无法控制发声系统，每分钟也只能“说”出一个字，专家敦促他更换新发声系统。霍金宣称，他不希望失去陪伴他35年的“真正声音”，因为毕竟听众已经适应了他的“声音”。他宁愿慢慢地讲，也不肯放弃旧合成器。在一次新闻发布会上，一位女记者提问说：“霍金先生，难道你不为被固定在一个轮椅上面感到悲哀吗？”霍金镇定自若地用手指在键盘上敲出这样一些字：“我没有悲哀，我反而很庆幸，因为上帝虽然把我固定在一个轮椅上，却给了我足以想象世界万物，足以激发人生斗志的能力。其实，上帝对人都是很公平的。”霍金在他的轮椅中诉说着他得以生生不息的故事，深深地震撼着每个人的心灵。“生活是不公平的，不管你的境遇如何，你只能全力以赴。我的手指还能活动，我的大脑还能思考，我有终身追求的理想，有我爱和爱我的亲人和朋友，对了，我还有一颗感恩的心……”霍金的回答得到了全场最热烈的掌声。

被禁锢在轮椅之中的霍金却活跃在宇宙的最前沿。在他那宁静的笑容背后，是年复一年地进行着对于一些终极问题的哲学思考。尽管历经坎坷，他对理想执著的追求，对命运不懈的抗争，他的科学贡献赢得了世界的敬仰。“我发现真实的宇宙甚至比电影《星球大战》更吸引人。”不仅霍金的科学成就将永载史册，他的科学精神也将永远鼓舞着人们攀登科学高峰，希望这位强者能继续用他那广袤无垠的思想带我们遨游太空，领略更加迷人的宇宙。

霍金的这一传奇也创造了一个“极端的”境界。霍金的身体差不多是极端衰弱了，但他的头脑却是在另一个极端的问题——宇宙的起源与演化。这也许在本书中创造了“极端之最”了。

美丽的星云

1758 年 8 月 28 日晚，法国业余天文学家梅西耶(1730～1817）在浩瀚的星空中正在寻找彗星，他突然发现一个云雾状的“斑块”。梅西耶判断，这个“斑块”的形态虽类似彗星，但它的位置却一直不变，显然它不是彗星。那它是什么天体呢？在没有搞清楚之前，梅西耶对它进行了详细的观察，并记录了下来，他一共发现了103个这样的“斑块”。第一次发现的“斑块”被列为第1号，即M1。这里的“M”就是梅西耶名字的缩写字母。

梅西耶的记录引起了英国著名天文学家天王星的发现者威廉·赫歇耳的高度重视。在长期的观察核实后，赫歇耳将这些云雾状的天体命名为“星云”。

由于当时望远镜分辨率不够高，河外星系的一些星团看起来呈云雾状，这就是为什么把它们称为“星云”的原因。美国著名的天文学家哈勃（1889～1953）测量仙女座大星云距离后，他证实，某些星云是和银河系相似的恒星系统。由于人们称呼的习惯，某些河外星系有时仍被称为“星云”，例如，大小麦哲伦星云、仙女座大星云等。

大麦哲伦星云

人们意识到这样的划分太过于笼统，不利于人们对天体问题的深入研究，于是就根据物体特征，将原来笼统的“星云”细划分为星团、星系和星云3种类型。

星云是由星际空间的气体和尘埃结合成的云雾状天体。星云的物质密度是很低的，有些地方甚至接近真空。可是星云的体积却十分庞大，方圆可达几十光年。所以，一般情况下，星云甚至比太阳还要重得多。

星云和恒星有着密切的关系。恒星抛出的气体将成为星云的一部分，星云物质在引力作用下压缩成为恒星。这说明，在一定条件下，星云和恒星是能够互相转化的。观测证实，星际气体主要成分是氢和氦两种元素，这跟恒星的成分是一样的。

从形态上来说，星云可分为两种。一种是广袤稀薄而无定形的弥漫星云，具有无规则形状，星云边界直径最大为几十光年，重量在10个太阳左右。比较著名的弥漫星云有猎户座大星云和马头星云等。另一种是亮环中央具有高温核心的行星状星云。行星状星云为质量较小的恒星爆炸后产生，

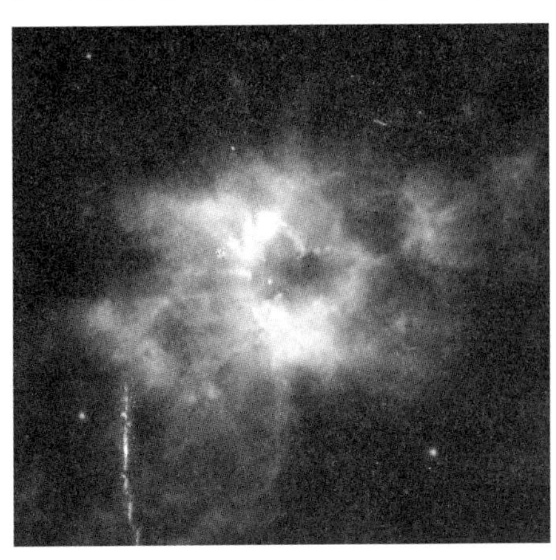

行星状星云

核心为白矮星，外形呈圆盘状或环状，带有暗弱延伸星云。行星状星云的样式有些像吐出的“烟圈”，中心是空的，其中间有一颗很亮的星。当恒星不断向外抛射物质，就可形成星云，可见，行星状星云是恒星演化到晚年的结果，比较著名的有宝瓶座耳轮状星云和天琴座环状星云。此外，还有一种尚在不断地向四周扩散的超新星剩余物质星云。它们是超新星爆发后抛出的气体形成的，这类星云的体积也在膨胀之中，最后也趋于消散。

北美洲星云

大自然是神奇无比的，在放眼浩瀚太空时，总会不时地看到一些堪称“奇迹”的星象，如天文工作者拍摄到的两幅星云图。它们被称为“上帝之眼”和“上帝之唇”。

2009 年 2 月，据英国《每日电讯报》报道，欧洲天文学家拍摄到一幅壮观的照片。看上去，它像一个“宇宙眼”，也被称为“上帝之眼”。蔚蓝色的“瞳孔”和“白眼球”的四周是肉色的“眼睑”，与人眼极其相像。这个“上帝之眼”是浩瀚无边的，它散发出的光线从一侧到另一侧要两年半的时间。它是由位于宝瓶座中央的一颗昏暗的星发出的气体和尘埃形成外壳。也许，太阳系在50亿年后将遭受同样的命运。这个“上帝之眼”距地球700光年，天文爱好者可借助小型望远镜隐约地看到它。他们把它称为“螺旋星云”，这片星云覆盖的天空相当于一轮满月的四分之一。这张壮观的照片是由欧洲南方天文台的一台巨型望远镜拍摄到的。这架望远镜安装在智利的拉西拉山顶。照片清晰，以至于我们可以在中央“眼珠”内看到遥远星系。

上帝之眼

无独有偶，美国宇航局也曾拍到一张图片，其中的内容反映着“暮年”恒星形成的星云。看过照片的人都注意到，星云的形状酷似要亲吻的嘴唇，仿佛宇宙正在亲吻人类。这是一颗正在衰亡的恒星——船底座中的一颗星。它距地球16 000光年，属于银河系最大的天体之一。它的质量是太阳的35倍，亮度是太阳的100多万倍。由于它正在进入“暮年”，所以迅速燃烧着，其内部的物质被释放出来，并形成了星云。

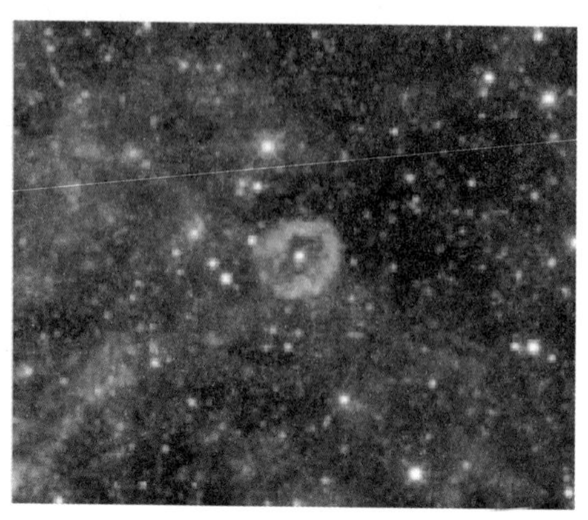

蟹状星云——“天关客星”的传奇

“蟹状星云”位于金牛座，离地球大约是6500光年。它弥漫在一个很广的范围中，约为12光年×7光年。由于亮度太小（8.5星等），肉眼是看不见的。

最早记录蟹状星云的是中国天文学家。1054年，中国有一位名叫杨惟德的官员，他向皇帝奏报，在天空中出现了一颗“客星”。600多年后，英国的一个天文爱好者于1731年发现了它，但不是一颗“星”，而是一团“云”。1771年，法国天文学家梅西耶制作“星云星团（M）表”时，把第一号的位置留给了蟹状星云，即编号为M1。

1892年，美国天文学家拍下了蟹状星云的第一张照片。30年后，当天文学家与蟹状星云以往的照片进行对比时，他们发现，蟹状星云仍在不断地扩张着，而且速度竟然达1100千米/秒。这激发了人们对蟹状星云的兴趣。

由于蟹状星云扩张的速度非常快，天文学家便根据这一速度来逆推蟹状星云形成的时间。得到的结果是：在900多年前，蟹状星云的大小可能只相当于一颗恒星的大小。因此，在 1928 年，美国著名的天文学家哈勃首次把蟹状星云与超新星联系了起来。他认为，蟹状星云就是 1054 年超新星爆发后留下的遗迹。

根据中国宋代史籍中的记载，在现在蟹状星云的位置上，在 1054 年 7 月 4 日（宋仁宗至和元年的五月己丑）的寅时出现过亮度极高的“天关客星”。

宋史・天文志一第九

宋史・仁宗本纪

在史书中，北宋司天监（掌管观天的机构）对“天关客星”的突现做过长期的观测，并有较为详细的记载，如：

己丑，客星出天关之东南可数寸。嘉祐元年三月乃没。

——《续资治通鉴长编》

至和元年五月己丑，出天关东南可数寸，岁余稍没。

——《宋史・天文志一第九》

（嘉祐元年三月）辛未，司天监言：自至和元年五月，客星晨出东方，守天关，至是没。

——《宋史・仁宗本纪》

嘉祐元年三月，司天监言："客星没，客去之兆也"。初，至和元年五月，晨出东方，守天关。昼如太白，芒角四出，色赤白，凡见二十三日。

——《宋会要》

甚至日本的观测者也有记录，即：

天喜二年四月中旬以后，丑时客星出觜参度，见东方，孛天关星，大如岁星。

——《明月记》

由此得知，在"宋至和元年五月己丑"（1054 年 7 月 4 日）开始，有"客星"出现在"天关"（金牛座ζ星）附近，星的颜色是赤白的。由于光度如"太白"（即金星），它在最初的 23 天中，即使在白天，人们也能见到它。直至一年多后的"嘉祐元年三月辛未"（即 1056 年 4 月 5 日）才消失了。

这个"客星"果然是一个"不速之客"，最初的 23 天里，这个"客星"竟然像太白金星一样亮，以至于在白天都可以看到（"昼见如太白"和"凡见二十三日"）。当"客星"隐去时已是 1056 年 4 月 5 日，距客星出现的日期已过 643 天了。在这些时日中，只要条件允许，司天监的人员总是对这个"客星"进行认真的观测。他们详细的记录（如"客星"的位置、颜色和亮度）资料具有十分珍贵的价值，对于研究恒星演化的历史具有重要的意义。今天，经过天文学家的研究，人们已经知道，"天关客星"的出现实际上是一次超新星爆发的过程。由于超新星爆发的材料非常稀少，这就更显出"客星"观测资料的重要性了。

浪漫的流星雨

“陪你去看流星雨落在这地球上，让你的泪落在我肩膀”。

这是一首名为《流星雨》中的歌词，读起来很是浪漫，唱起来也许更富于情感吧！

流星雨是一种很美妙的天象。那种美丽是在刹那间留下的，让人不禁感叹。

流星雨是什么呢？这就要从我们所处的太阳系说起了。太阳系内除太阳和八大行星，还有卫星、小行星和彗星，还有着大量的尘埃和微小的固体块，这些“小玩意”也在太阳引力作用下绕着太阳运动着。当它们偶然接近地球时，地球的引力就会把它们吸引过来，使它们以极大的速度冲向地球。在冲向地球的过程中，它们与空气之间发生了剧烈的摩擦，所产生的高温使得自己被点燃。它所发出的光在夜空中留下一条明亮的光迹，这些“小玩意”就被称为“流星”。流星中特别明亮的又被称为“火流星”。形成流星的那些微粒则被称为“流星体”。

流星体的质量一般都很小，比如，肉眼能见到的流星体，其直径约 5 毫米，质量也仅为 0.06 毫克。大部分流星体在进入大气层后都会被烧得干干净净，只有细微的尘埃残留在大气中，并慢慢地飘落到地面上。不过，也会有少数流星体的形体大而结构坚实。这些流星体因燃烧未尽，而将剩余的固

流星

体物质落到地面上，这就是“陨星”。在这些陨星之中，石质的叫“陨石”，铁质的叫“陨铁”。据估算，每年降落到地球上的流星体，包括最终形成的尘埃物质，总质量约为20万吨！

宇宙中那些千变万化的“小碎块”大都是由彗星衍生出来的。当彗星接近太阳时，太阳的辐射热和强大的引力会使彗星逐渐瓦解，并在彗星的轨道上留下许多气体和尘埃颗粒。这些物质形成的小碎块，如果彗星与地球轨道有交点，那么这些“小碎块”就会被遗留在地球轨道上；而当地球运行到这个区域时，就会产生流星雨了。

火流星看上去非常明亮，像一条巨大的火龙，还发出“沙沙”的声响，有时还会伴随着爆炸声。有的火流星甚至在白天也能看到。火流星的质量较大（质量大于几百克），进入大气后来不及在高空燃尽而继续闯入稠密的低层大气，它以极高的速度和地球大气剧烈摩擦，产生出耀眼的光亮，并且通常会在空中划出S形的路径。火流星消失后，在它穿过的路径上，会留下云雾状的长带，称为“流星余迹”；有些余迹消失得很快，有的则可存在几秒钟到几分钟，甚至长达几十分钟。

美丽的流星雨

流星雨则是一种成群的流星，看起来像是从夜空中的一点迸发出来的，并坠落下来。这个点或一小块天区被称为流星雨的辐射点。为区别来自不同方向的流星雨，通常以流星雨辐射点所在天区的星座为流星雨命名。例如，每年11月18日前后出现的流星雨辐射点在狮子座中，就被命名为“狮子座流星雨”。其他流星雨还有“宝瓶座流星雨”、“猎户座流星雨”和“英仙座流星雨”，等等。流星雨的规模往往也不相同。有时在一小时中只出现几颗流星，但它们看起来都是从同一个辐射点“流出”的，因此也属于流星雨的范畴；有时在短短的时间里，在同一辐射点中能迸发出成千上万颗流星，非常壮观。当每小时出现的流星数超过1000颗时，就称为“流星暴”。

流星体残留在地面上的部分通常叫陨石。它是人类直接认识太阳系各星体珍贵且稀有的实物标本。陨石多半带有地球上没有或不常见的矿物组合，以及高速进入大气层燃烧的痕迹。每年降落到地球上的陨石大概有两万多块。由于多数陨石落在海洋、戈壁、荒野、森林和山地等人迹罕至地区，而被人发现并收集到手的陨石每年只有几十块，数量极少。

陨石根据其内部的铁镍金属含量高低通常分为 3 大类，即石陨石、铁陨石和石铁陨石。石陨石中的铁镍金属含量不多于 30%，石铁陨石的铁镍金属含量为 30%～65%，铁陨石的铁镍金属含量不少于 65%。

最大的石陨石是重 1770 千克的“吉林 1 号”陨石，最大的陨铁是纳米比亚的“戈巴陨铁”，重约 60 吨；中国陨铁之冠是新疆清河县发现的“银骆驼”，重约 28 吨。

吉林 1 号

说到“吉林 1 号”，在 1976 年 3 月 8 日，在吉林省吉林市郊区空中飞出一个火球，并伴随着（空中）爆炸，传来了一声巨响。火球化成火光，陨石落在地面，就像地震一样。甚至在田间耕作的黑龙江省巴彦县农民也看到了一条长长的火龙飞过。开始，目击者以为是坠机，但看见坠落处掀起了50多米高的“蘑菇状”烟尘，又怀疑是落下了原子弹。胆大的跑到现场一看，发现不是原子弹，是天上掉下来个“星星”！陨石砸没在冻土里，只露出10多厘米的一个角。陨石旁边有溅出来的土块，人们拣起一块，“石头”很烫。这块陨石是目前已知世界上的陨石之最——“吉林陨石”。陨石穿过了1.7米的冻层，遁入地下6米多深，也许是4米多深。

“吉林一号”陨石分布的面积广，重量大，实为世上罕见。还有数千人亲眼目睹，作了准确的科学记录。

壮观的彗木之“吻”

彗星在空中出现的时候，人们只能看到一个模糊的物体，有时还非常大，所经过的地方留下的轨迹能在太空持续几星期。在人类历史上，彗星曾被看成是不祥之兆，人们认为，彗星的突然出现是神灵发怒的表现。古人也把彗星称为“扫把星”或“扫帚星”。

彗星由一个发亮的雾状球体组成，中心被称为“彗核”。它拖着一条长长的“尾巴”——“彗发”，或“彗尾”。人们于是就把它的形状看成是一个披散着长发的女人的头，另一些人把它看成是一把利剑，但都意味着死亡和灾难。今天听起来是不是有些可笑呢，但这正是人们认识天体所走过的道路啊！

第一位以科学的态度研究彗星的人是天文学家瑞杰蒙坦斯。他观察1473年出现的一颗彗星时，每晚对其位置进行记录。1540年，德国天文学家出版的一本书，也描绘了5颗不同的彗星。他指出：每颗彗星出现时，它的尾巴都处于背离太阳的方向上。这是除了人们对彗星的位置进行观察之外第一次对其进行科学的观测。

人类对彗星的深入的研究开始于牛顿发现了天体之间遵循的万有引力定律之后，英国科学家、牛顿的好朋友埃德蒙·哈雷在这方面做出了杰出的贡献。

哈雷

哈雷出生于1656年，20岁毕业于牛津大学王后学院。此后，他去圣赫勒纳岛建立了一座临时天文台。在那里，哈雷仔细观测天象，编制了第一个南天区的星表，弥补了天文学界原来只有北天区的星表的不足。当时他才22岁。

哈雷最广为人知的贡献是对一颗大彗星的准确预言。1680年，哈雷与巴黎天文台第一任台长卡西尼合作，观测了当年出现的一颗大彗星。此后，他对彗星产生了极大的兴趣。哈雷在整理彗星观测记录的过程中，他发现，1682年出现的一颗彗星的轨道数据，与1607年出现的和1531年的彗星轨道数据相近。出现的时间间隔都是75年或76年。哈雷运用牛顿万有引力理论来推算，最后确认，这3次出现的彗星，并非3颗不同的彗星，应该是同一颗彗星在不同的时间出现了3次。哈雷还预言，这颗彗星将会在 1759 年再次出现。1759 年 3 月，全世界的天文台都在等待哈雷预言的这颗彗星。3 月 13 日，这颗明亮的彗星拖着长长的尾巴，出现在空中，进入了人们的视野。遗憾的是，哈雷已经在 1742 年逝世了，他没有能够亲眼看到这颗彗星的回归。1758 年这颗彗星被命名为哈雷彗星，那是在哈雷去世大约 16 年之后。根据哈雷的计算，这颗彗星还将在 1835 年和 1910 年回来，事实上，这颗彗星也都如期而至。当然，准确地说，哈雷彗星在 1758 年运动到它的近日点，而且也在出现之前已被科学家计算出来了。

哈雷彗星

彗星主要由冰块组成，但它还含有一小部分岩石和金属物质，可能还有一个坚实的核。这种结构是由美国天文学家佛瑞德·惠普尔（1906～2004）推测出来的，他还把彗星喻为“脏雪球”。

当彗星离太阳很远时，太阳的光线极其微弱，它就被冻结成固体，有着明显的轮廓，跟一般的天体外形也差不多。

然而，当它接近太阳时，太阳的热量就会使彗星的一部分冰蒸发并释放出它所包含的尘埃，这些呈云雾状的物质在太阳风的作用下就形成了我们所看到的长长的“彗尾”。当受到太阳光和“太阳风”的压迫，“彗发”就在背向太阳的方向上伸展开，这时彗星就有了另一个名字——“彗尾”。

“彗尾”的形状各异，有的还不止一条。一般，太阳风总向背离太阳的方向延伸，且越靠近太阳彗尾就越长。

太阳系中彗星的数量极大，但目前观测到的约有 1600 颗。从圆锥曲线的知识上对彗星分类，彗星的轨道有椭圆、抛物线和双曲线 3 种。

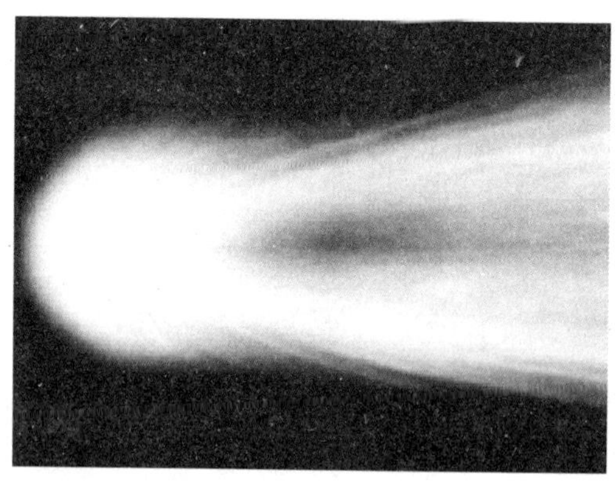

彗星

椭圆轨道的彗星能定期回到太阳身边，这是一种“周期彗星”。有些彗星终生只能接近太阳一次，而一旦离去，就会永不复返，这是一种“非周期彗星”。“非周期彗星”或许原本就不是太阳系的成员，它们是来自太阳系之外的“过客”。当它们偶然“闯入”太阳系，然后又匆忙地返回到茫茫的宇宙深处。周期彗星又分为短周期彗星和长周期彗星。

一般彗星由彗核和彗发组成。彗核也叫“彗头”，彗发也叫“彗尾”，有的还有彗云，并不是所有的彗星都有彗核和彗发。我国古代对于彗星的形态已观测历久，并有了一定的分类，在长沙马王堆西汉古墓出土的帛书上就画有 29 幅形象各异的彗星图。

彗星的体形庞大，但其质量却小得可怜，就连大彗星的质量也不到地球的万分之一。

有的彗星的彗尾非常“苗条”，可以长达几万千米，非常引人注目。在 20 世纪 90 年代，有一个更加有名的彗星事件，这就是一个“苏梅克—列维彗星”与木星的“世纪之吻”。

先介绍苏梅克—列维彗星。1993 年 3 月 24 日，苏梅克夫妇和列维在美国帕洛玛山天文台进行观测。这 3 位天文学家观测到，从太阳系的边缘飞过来一条少见的“太空项链”。为什么有“太空项链”的称谓呢？它们是由于一串彗星，由一些彗核构成。仔细一数，竟有 21 块碎片。他们的平均直径约 1 千米，其中最大的一块的直径也只有 4 千米，“项链”的总长度约为 16 万千米，也有人把它形容成一列奔驰在太空的“列车”。按照国际惯例，发现者有为它命名的优先权，就命名为“苏梅克—列维 9”，记作 SL9。

通过长时间的观察，科学家发现，SL9 已经进入太阳系很长时间了。SL9 的前身可能是一颗小行星。但有人认为，它也可能是木星的卫星。

由于木星是太阳系中最大的行星，木星的质量约为地球的 320 倍。正是在木星的引力作用下，SL9 进入太阳系后，它成为一颗彗星。但是，SL9 与木星形成了一种较为特殊的关系。这就是说，SL9 不再绕太阳旋转，而是绕木星旋转，相当于木星的“卫星”。早在 1992 年 7 月，当 SL9 迅速接近木星时，最近的距离只有 11 万千米，而木星的直径是 7 万千米。在木星引力作用下，SL9 被“撕成”了一些碎片。这就是 SL9 变成了“项链”的原因。在木星的强大吸引力下，使 SL9 改变了轨道，真的成了木星的一颗卫星。

当 SL9 变成一小群时，它离开木星的轨道是比较复杂的，并且又很快地回到了木星的身旁。1993 年 7 月 17 日到 22 日，SL9 却突然冲向了木星，这将使 SL9 与木星“同归于尽”。

1994 年的 7 月，全世界的望远镜都对准了离地球 8 亿千米的木星，对准了冲向木星的 SL9。这时，SL9 分解为 21 块碎片，大多碎片的直径达到了 2 千米以上。它们“鱼贯而下”，形成了一串长达几百万千米的“链子”，依次撞上木星。

这些“碎片”以每秒 60 千米的速度穿越木星浓密的大气层，瞬间变成了大火球。它们撞击木星的液氢之海时，温度可达 30 000 摄氏度，引起了壮观的“蘑菇云”，冲起的“蘑菇云”高度可达几万米。每块碎片撞击木星时，它们所放出的能量非常大。如果把全世界的核武器集中起来引爆之，所放出的能量只相当于 SL9 中的一块碎片放出能量的 1/2000。这就是说，SL9 中最大的一块碎片碰撞木星时放出的能量相当于 6 万亿吨 TNT 炸药的爆炸当量。这又相当于当年美国投放在日本广岛或者长崎的原子弹的3亿倍，撞击时产生了一块黑斑，它比地球还要大。

看到如此壮观的景象也许会给人类一些启示：我们如何防范这些太阳系的“不速之客呢”？从更大的意义上讲，自然界难道不值得我们敬畏吗？

四、最可怕的能量

2011年3月11日，发生在日本福岛的核泄漏事件，再次让百姓谈“核”色变。“核”是什么呢？“核”为什么会给人们带来那么大的危害呢？既然“核”具有那么大的危害，我们为什么还要让它存在？或者说，“核”可以利用的地方又是什么呢？

其实这里谈到的“核”，指的是一种能量——核能。就目前来说，核能可能是最受争议的一种能量。有时候，它像一头温顺的牛羊，默默地为人们服务。可一旦发作起来，它又好像要把地球摧毁。核能是在自然界中实实在在地存在着的一种能量形式，人们并非一开始就知道它的存在。那么，人们是如何发现了这种可爱又可怕的能量的呢？

说起原子核来，人们发现核能的过程确实经历了一个漫长的过程。如果简单地回顾一下历史的话，电子的发现应该可以算作是这个漫长过程中的第一步。电子被发现的时候，还没有人会意识到这个小玩意会导致一种新能量的出现。但是，人们随着电子发现的思路，接连地又有了一系列新的发现，正是这些新的发现才最终引导着人们发现了核能的存在。

放射性的发现

J·J·汤姆逊

1897年，英国物理学家汤姆逊第一个用实验证明了电子的存在。汤姆逊是一位很有成就的物理学家，他28岁就当上了英国皇家学会会员，还担任了著名的卡文迪什实验室主任。他在研究阴极射线问题时，最终发现了电子的存在。电子的发现，让人们认识到自己对物质的认识还很肤浅，并促使人们开始进一步深入研究物质的结构。差不多同时，也是为了研究阴极射线问题，德国的科学家威廉·康拉德·伦琴（1845～1923），在1895年发现了一种新的射线——X射线。因为当时不知道这种射线到底是什么，所以就借用了数学上假设未知数为X的做法，把它命名为X射线。后来人们为了纪念发现这种射线的科学家，又把这种射线称为伦琴射线。

X射线的确很神奇，当大家从伦琴那里得到了关于它的信息的时候，马上有了很大的兴趣。1896年初，法国科学家彭加勒收到了伦琴寄给他的论文和照片，他把这些照片和论文在1月20日的法国科学院的会议上展示了出来，于是很多法国的科学家也投入到进一步研究之中。X射线的产生是否与真空玻璃管中强烈的磷光有关？所以，彭加勒在会上

伦琴

还提出一种假设：被日光照射而发磷光的物质会不会也能发出一种看不见的、有穿透能力的、类似于X射线的射线？说者无心，听者有意。彭加勒的这个假设给法国物理学家安东尼·亨利·贝克勒尔（1852～1908）留下了深刻的印象，也给了他一种启发。会议结束之后，他回到家中，立即就开始了这方面的研究。

贝克勒尔的研究很快就取得了一定的进展，1896年2月24日，贝克勒尔就向法国科学院提交了一篇名为《论磷光辐射》的报告。在报告里，他通过研究发现，一种含铀的矿石在阳光下曝晒几小时后能发出一种射线。这种射线能穿透黑纸让照相底片感光。贝克勒尔和彭加勒一样，他认为，这种射线类似于X射线。

为了进一步搞清楚所发现的到底是什么，贝克勒尔准备再重复做实验，但天公不作美，连着几天都是阴天，他只得用黑纸包好底片，把底片和铀盐等实验用的东西随手就放进了实验室的抽屉里。又过了几天，到了1896年3月1日，贝克勒尔为了向第二天的科学院会议提供一些实验资料，他就冲洗了一张底片。让他感到目瞪口呆的是，底片上被铀盐压着的部分竟

贝克勒尔

然被彻底感光了。开始，他以为，是不是这张底片的质量出问题了。于是，他又冲洗了一张底片，没有想到显示出来的结果居然是跟那一张一样，也是有铀盐压着的地方被感光了。面对这样的结果，贝克勒尔想，看样子不像是照相底片出了问题，可能是铀盐在没有光照射的情况下也能够发出某种射线。为了验证一下自己的这种想法，贝克勒尔在暗室内准备了一张新的照相底片、一个带有铝隔板的干板夹和一个纽扣形状的铀盐片，并不让铀盐被阳光照射，然后就把它们放在一起，底片和铀盐之间还隔着铝隔板。就这样，在一片黑暗的情况下，静静地等待了5个小时之后，贝克勒尔把这张底片也给冲洗了出来，这张底片也被感光了，看来自己的想法应该是对的。

贝克勒尔发现这种现象并不是X射线，但也是一种很重要的现象，后来被称为放射性现象。在当时，贝克勒尔自己并没有意识到这一点，并不认为这是一种新的现象。他还认为，从铀盐放出的射线是由于太阳光对铀盐的照射而产生的。他未从这一错误观念中解脱出来。他对自己观察到的现象的解释是：虽然没有太阳光照射，但磷光现象中产生的那种看不见的射线的寿命要比磷光的寿命要长，所以磷光消失之后仍然还会有这种看不见的射线。

到1898年，祖籍波兰的法国科学家玛丽·居里(1867～1934)在连续发现几种能够发生类似现象的物质之后，才给这些物质取个名字，称为放射性物质，对应的现象就是放射性现象。

放射性物质发出的这种放射线对人的身体是具有很大

危害的，但是，在人们刚开始发现放射性现象的时候，并不知道它的危害。贝克勒尔就是由于在毫无防护的情况下长期接触这些放射性物质，使得自己的身体健康受到了非常严重的损害，他只活了50多岁就去世了。科学界为了表彰他的杰出贡献，曾经就将放射性物质放出的那种看不见的射线定名为“贝克勒尔射线”。1975年，第15届国际计量大会为纪念法国物理学家安东尼·亨利·贝克勒尔，将放射性活度的国际单位命名为贝可勒耳，简称贝可，符号Bq。放射性元素每秒有一个原子发生衰变时，其活度即为1贝可。

在铀盐里，贝克勒尔发现了那种看不见的但是穿透力特别强的射线，虽然他自己并不是很清楚那到底是什么。不过，在随后不久，居里夫妇在研究镭这种物质放出的类似的射线时发现，这种射线通过磁场后居然被分成了两束。到了1906年，卢瑟福（1871～1937）在重复居里夫妇的实验时，由于采用了磁场的强度又高了许多，结果原来分成两束的射线又被分成了3束（见图所示）。面对这3束射线，后来的人们经过认真的研究之后，终于发现了他们的真实面目，与此同时，为了更好地描述这3种射线，科学家们还把这3束射线分别称为α射线、β射线和γ射线。其中α射线是由带正电的高速度的氦原子核组成的；β射线是由速度很大的电子组成的；而γ射线则是一种波长极短，不带电荷的穿透力极强的电磁波。因此，α射线也被称为α粒了，β射线也被称为β粒子，而γ射线也被称为γ粒子或γ光子（在前面就用过这个词）。

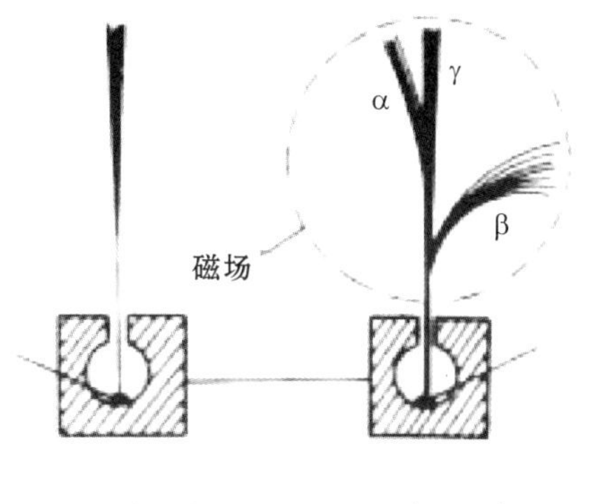

镭的放射性实验

现在科学家们已经知道，每一种元素的原子核在受到中子的轰击后，多半都会变成一种或多种特定的具有放射性特征的原子核，这些新生成的原子核往往都是不稳定的，它们会很快地发生一些放射性变化，而伴随着这些变化一般都会放出α射线、β射线和γ射线。因此，人们可以通过向一种元素的原子核上人为地添加中子，使它们变成还是属于这种元素的别的原子。由于这样的原子常常是有放射性的，从元素来讲它们又和原来的原子是属于一家的，所以它们通常就被称为放射性同位素。

放射性同位素的原子核是不稳定的，它能自发地放射出α射线、β射线和γ射线而转变为另一种元素或转变到另一种状态，这个变化的过程被称为衰变。衰变是放射性原子核的基本特征。但放射性同位素每个核的衰变并不是同时发生的，而是有先有后。为了描述衰变过程的快慢，科学家是这样定义半衰期的，就是放射性元素的原子核数量因为衰变而减少到原有的原子核数量的一半时所需要的时间。例如，有某种放射性同位素的原子核 100 万个，10 个小时之后，经过衰变还剩余这种原子核 50 万个，然后再经过 10 个小时，剩余的原子核数量就变成了 25 万……这种“减半”的过程会一直持续下去，那么这里的 10 小时就是这种放射性同位素的半衰期。那么，在粒子中，原子核的数量是很大的，而且实际上，核的数量还会要多得多。半衰期反映出元素衰变的快慢，衰变越快的元素，半衰期越短；衰变越慢的元素，它的半衰期也越长。半衰期是放射性同位素的一个特定常数，就像一个标志一样，它基本上不随外界条件（诸如温度、压力、湿度等）的变化和元素所处状态（诸如单质、化合物、固态、液态等）的改变而改变。

●令人生畏的核裂变

放射性原子核在发生衰变的时候，原子核就发生了分裂，一般是一分为二，偶尔也有一分为三或者一分为四的情况，在这种分裂变化的过程中就会伴随着放出能量。这种由于原子核变化而释放出来的能量，最早被通俗地称为原子能。因为所谓的原子能是由于原子核发生变化而产生的，因此确切地应该把这种能称为原子核能。经过科学家多年的宣传，现在广大公众已了解原子能实际上是“核”的功劳，于是现在简捷地用“核能”取代了“原子能”；用“核弹”和“核武器”的名称取代了“原子弹”和“原子武器”等。

要真正理解核能的来源，就不得不提及爱因斯坦。他是一个伟大的物理学家，他的出现使得物理学的发展达到了一个新的高度，也正是他的研究，才使得人们真正地有可能走上发现核能的道路。1905 年，爱因斯坦提出了一个令人难

爱因斯坦

以置信的理论：物质的质量和能量可以互相转化，即质量可以转化为能量，能量也可以转化为质量。也就是说，任何具有质量的物体中都是储存着十分巨大的看不见的能量的。为了说明质量和能量之间的对应关系，爱因斯坦还给出了一个著名的方程：

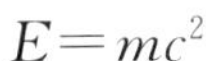

$$E=mc^2$$

式中的 E 是物体的能量，m 是物体的质量，c 是光速（30 万千米/秒）。

当然，物体的质量和能量之间虽然存在着这样的关系，但是物体的质量并不能轻易地就转化成了能量。在科学家看来，质量是一个“富有而吝啬的守财奴”，它不会轻易地牺牲自己的“体重”而释放能量的。为什么说它“吝啬”呢？我们看看，常规状态下燃烧 1 吨煤所释放的全部能量，只相当于 0.028 毫克煤的质量转化而来的能量。0.028 毫克仅仅是 1 吨的 2.8/100 000 000 000，就像一个千亿富翁只愿意拿出两块八毛钱来捐款一样，够“吝啬”吧！

也正是质量转化为能量十分“吝啬”，这样的转化才很难被人所觉察。爱因斯坦的质能方程（$E=mc^2$）能把这种细微的转化呈现在我们的面前，使人们找到释放隐藏着的核能的钥匙。

我们知道，原子核是由质子和中子构成的，在对原子核的质量进行测定时，一定会发现：它的质量总是比组成它的质子和中子的质量之和要略小一些。这就是说，几个核子（即中子和质子，被统称为“核子”）结合成原子核后，它们的质量都会产生一个很小的变化，即变轻了。所谓“变轻”，就是它们的质量减小了。按照质能方程，减小的质量转化为能量释放出来，这就是所谓的“核能”。科学家把核子结合前后的质量减少数称为“质量亏损”，而把对应释放的能量称为“结合能”。在结合成一个完整的原子核时，所放出的能量就称为“总结合能”。

当构成一个原子核的核子数越多，这个原子核也就越大，它的总结合能也就越大。但我们常常要知道的并不是这个总的结合能，而是要知道各种不同原子核的坚固程度，那么，总结合能的值就不起多大作用了。为了便于比较各种原子核结合的紧密程度，科学家就引入一个“平均结合能”的概念，以说明总结合能除以原子核中核子的总个数而得到的数值，它也被称为“比结合能”。

“比结合能”的大小可以反映出各种原子核的结合紧密程度。比结合能小的原子核，其结合就松散；比结合能大的原子核，结合就紧密。在所有的原子核中，中等大小的原子核的比结合能都比较大，原子核结合比较紧密；而轻核和重核的比结合能都相对较小，这些原子核结合得比较松散。由此可知，要想改变原子核的结构，使它们重新结合并放出能量，最好从轻核和重核入手。重核的核子内部不太“团结”，核内的质子和中子彼此碰撞，很容易在外来打击下“分崩离析”，发生分裂的同时放出能量。相反，轻核“团结紧密”、有抱成一团的“愿望”，在结合的过程中也会释放出能量。

各种原子核的坚固程度是不一样的，一般来说，中等大小的原子核比较坚固，而比较轻的原子核和比较重的原子核相对来讲就显得比较松散了。具体地说，比较轻的原子核非常容易“合二为一”，比较重的原子核则非常容易“一分为二”，无论是哪一种变化都会伴随着能量的变化，这就产生了两种利用核能的不同途径：核裂变和核聚变。

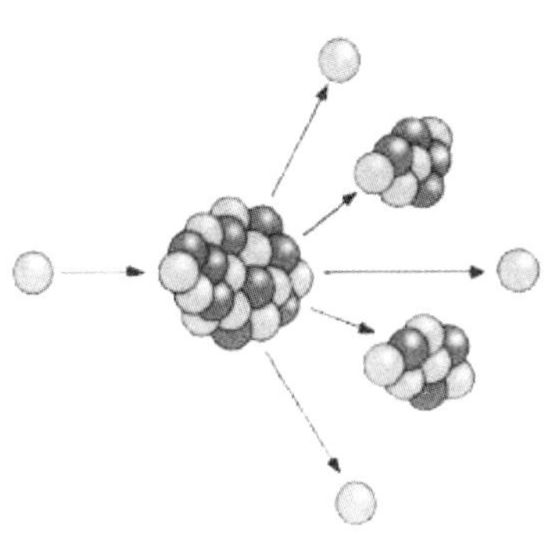

核裂变

核裂变又称为核分裂，它是将平均结合能比较小的重核设法分裂成两个或多个平均结合能大的中等质量的原子核，同时释放出核能。从产生裂变的原因来看，重核裂变一般有自发裂变和感生裂变两种形式。自发裂变是由于重核自身的不稳定造成的，因此其半衰期都是很长的。例如，纯铀的自发裂变的半衰期居然是大约 45 亿年，如果要利用这种极其缓慢的自发裂变所释放出的能量，显然是不现实的。100 万千克的铀由于自发裂变放出的能量一天还不到 1 度电的电能。感生裂变则是重核在其他粒子（主要是中子）的轰击下裂变成两块质量略有不同的较轻的核，同时释放出能量和中子。由于这种裂变是人为的，具体的量就可以进行控制，所以核感生裂变释放出的能量才是人们真正可以利用的核能。

人类很多先进的技术最早的应用领域往往是在战场上，

对于裂变产生的核能的利用同样如此，裂变核能的最早利用就是在原子弹的开发上。也正是原子弹的出现，才使人们真正地见识到核能的可怕。原子弹是人类所生产的最特殊的一件产品，它并非要为人类服务，而是要服从政治上的需要，还有可能摧毁人类的文明。正因为它的威力，有些原子弹生产出来的目的不是使用，而仅仅是作为一件令人望而生畏的陈列品，起着威慑作用。

玻尔

从人类的科学发展来看，人们总是愿意给一些重要的事物找一个第一人，并命名为“某某之父”、“某某之祖”。如果一定要找一个原子弹之父的话，丹麦著名的物理学家尼耳斯·玻尔（1885～1962）毫无疑问是最合适的人选。1913 年，玻尔提出了经他修正的原子的核式模型，这还使他获得了 1922 年的诺贝尔物理学奖。玻尔不仅从科学的角度为原子弹的诞生提供了最基础的理论，也从精神上“关照”这个核物理的“婴儿”，一直关注着原子核理论的成长和发展。在原子弹还没有被研制出之前，玻尔就很认真地指出，如果原子能掌握在世界上爱好和平的人们手中，这种能量就会保障世界的持久和平；如果它被滥用，就会导致文明的毁灭。正是因为他的这种认识和后来在和平利用原子能方面所进行的种种努力，第二次世界大战之后他获得了美国首届和平利用原子能奖。

1939 年，玻尔访问美国时，他公开了核裂变的发现。

他不仅向美国的物理学家介绍了德国化学家哈恩（1879～1968）和施特拉斯曼的发现，还阐述了奥地利物理学家迈特纳（1878～1938）和弗里施（1904～1979）的解释。哈恩的工作是什么呢？原来就在这个时候，德国和法国的科学家正在进行着用中子轰击铀原子核看会不会产生“超铀元素”。

1938年，伊伦·约里奥—居里（1897～1956，居里夫人的女儿）和南斯拉夫的沙维奇用中子轰击铀，产生了一种半衰期是3.5小时的放射性元素，但是他们没有进行更深入的研究，所以错过了核裂变发现的机会。与此同时，哈恩和迈特纳也正在进行着类似的研究，但是由于条件的限制，他们并没有能够得到理想的结果。正在此时，希特勒吞并了奥地利，作为犹太人的迈特纳，由于奥地利的护照失效了，她害怕受到迫害，就离开了柏林，来到了瑞典。恰恰在这个时候，伊伦·约里奥—居里的文章发表了。这篇文章被哈恩的助手施特拉斯曼看到了，他深受启发，灵感一下子就涌现出来了。他马上开始动手进行实验，在重复几次之后，他们非常精确地分析出，铀被中子轰击后所得到的产物中有钡。哈恩在得到结果之后，就写信告诉了迈特纳，把自己的研究发现告诉了她。迈特纳和她的外甥弗里施认真讨论了哈恩的实验，最终提出一种解释，就是铀在受到轰击之后被一分为二，而钡则是其中的产物之一。其实，这就是所谓的核裂变，也就是说，直到这个时候，核裂变才算是被真正的发现了。

玻尔在美国作报告时，有一位听众印象颇深，这就是后

奥本海默

来被称为“美国原子弹之父”的奥本海默（1904～1967），他后来回忆时说：“我当时头脑里就有了关于原子弹的概念。”回到家后，奥本海默又进行了关于爆炸的一些计算。

●打开核能大门的金钥匙

在专心聆听玻尔的演讲的人中还有一位重要人物，他就是意大利科学家恩里科·费米（1901～1954）。其实，费米在这之前也一直进行核物理学的研究，但他始终认为，能量不是很大的中子是不可能把那么坚固的原子核给轰击开的，那简直太不可思议了。所以，玻尔的报告给费米带来了极大的震撼！

费米

费米是一个计算天才，在 1945 年 7 月，当美国第一颗原子弹试爆的冲击波抵达他的位置时，他抛洒出手中的纸片，并通过纸片被冲击波吹开的距离估算出了原子弹产生的威力，结果和仪器检测结果非常接近。不过他偶尔也有失手的时候。1939 年他举家搬迁到美国时，费米夫人由于寒冷提出要装挡风窗，费米计算后发现挡风窗对提升室内温度的作用几乎可以忽略，于是没有装挡风窗上的玻璃。好几个月后，窗子还是装了玻璃，因为费米发现他上次的计算把小数点挪错了一位。

从玻尔的演讲现场回到家，费米非常激动地向自己的妻子解释玻尔的演讲所包含的意义："打碎一个铀原子，要用掉一个中子，然后假设这个铀原子在裂变时，释放出两个中子，这两个中子将击中另外两个铀原子，分裂它们，这两个分裂的原子将发射出 4 个中子，如此继续下去，开始时我们仅需很少的几个人造中子来进行轰击，但最后这种反应会自发地持续下去，直到所有的铀原子都被分裂为止。"费米在这里所描述的就是链式反应的情景，很快，很多的科学家就证实了这种反应的存在，而且还发现这个反应的速度是很快

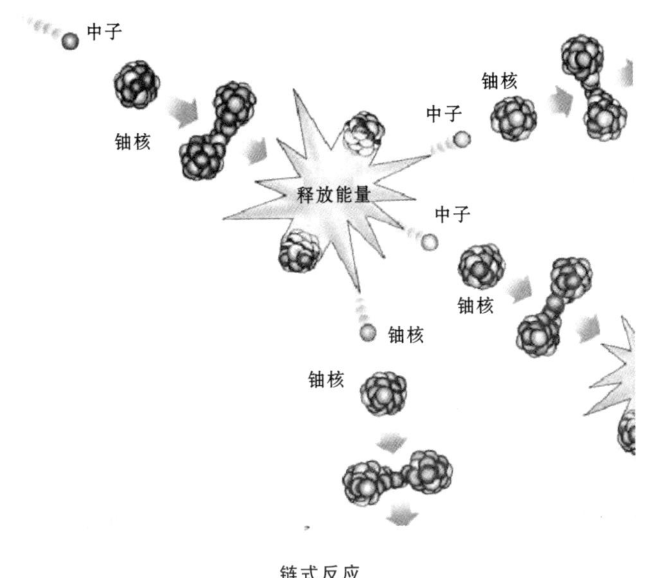

链式反应

的。就这样，中子就成了人类打开核能大门的钥匙。

此后，费米和很多的同事们一起开始原子弹制造的实质性研究工作。在集聚了众多的科学家的智慧和美国的物质支持下，很多关键性的步骤逐个地被攻破。

●“瘦子”“胖子”和“小男孩”

1942 年秋天，主持原子弹研究的总负责之一格罗夫斯准将和奥本海默在火车上第一次见面，格罗夫斯此时刚刚晋升为准将，而奥本海默成为一个美国历史上最大实验室的主任。在 1945 年后，他们一个被称为“原子弹将军”，一个被称为“原子弹之父”。在奥本海默的提议下，位于新墨西哥州的洛斯—阿拉莫斯成为建造新实验室的地点，并正式开始实施研发原子弹的“曼哈顿计划”。“曼哈顿计划”组织了当时美国最优秀的一批核物理学家，洛斯—阿拉莫斯实验室的雇员很快超过 1 万人。后来，“曼哈顿计划”迅速膨胀到一个投入达 20 亿美元，雇员超过 15 万人的大工程，许多项目仅仅在理论上证明可行就匆匆上马。在世界第一颗原子弹的制造过程中，许多项目都是这样超前地进行着，冒着一定的风险，但最终的结果却是令人满意的。

实现大规模可控核裂变链式反应的装置就是核反应堆，简称反应堆。它是向人类提供核能的关键设备。

1942 年的冬天，一个很大的被气球笼罩的反应堆矗立在芝加哥大学的网球场下的地下室。12 月 2 日，在费米的

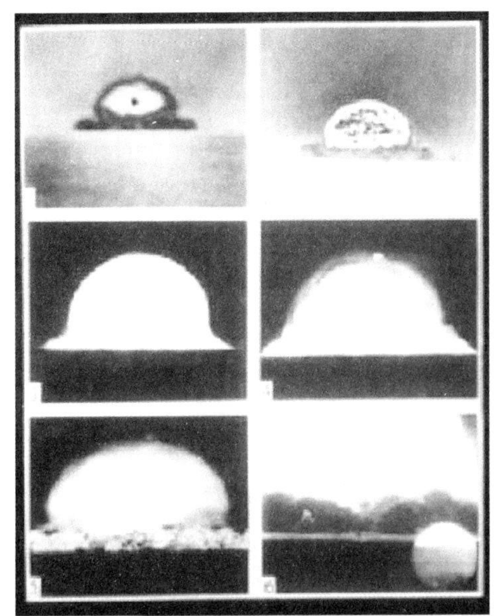

世界第一颗原子弹爆炸场景

指挥下，一根根吸收中子的镉棒被抽了出来，反应堆的辐射强度越来越高，它在按照人的意志释放出潜在的能量。这个反应堆第一次运转成功大大鼓舞了大家的士气。

1945年7月16日凌晨5时30分，世界上第一颗原子弹在美国新墨西哥州的沙漠地区爆炸成功，爆炸把方圆800米内的沙粒烧成翠绿的玻璃。

目睹第一颗原子弹爆炸景象的人们都被自己看到的景象惊呆了，面对这样的场景，不同人也产生不同的感慨。具有诗人气质的奥本海默刹那间涌上心头的是一句印度古诗：

我是死神，是世界的毁灭者。

卡尔松·马克想起了几个月前的一场争论，即原子弹爆炸是否会点燃大气层，现在看上去，那些火球似乎要吞噬一切。费米根据他撒下的纸条，大概估计出爆炸所产生的冲击相当于两万吨 TNT 炸药爆炸引起的效果。

美国第一批制造出来的原子弹有 3 颗，它们分别被命名为“瘦子”“胖子”和“小男孩”，被实验用爆炸掉的那一颗就是“瘦子”。剩余的另外两颗原子弹都被用在了日本，目的是为了敦促当时的日本投降，以尽快结束第二次世界大战。1945 年 8 月 6 日，一颗原子弹在日本的广岛市爆炸，两天之后，另一个原子弹又被投放到了日本的长崎市。

投向日本长崎的“胖子”

1945 年 8 月 6 日美国在广岛投下的那颗“小男孩”只能算作一个粗糙的产品，现在世界上的任何一颗原子弹都要比它的威力大若干倍。但是，在“小男孩”爆炸后的几天内，广岛依然有 7 万人被夺去了生命。

原子弹的制造，仅仅利用了隐藏在原子中极小部分的能量，但是它那种可怕的毁灭性给人们留下不可磨灭的印象。它给人们划出了一道红线，有史以来第一次，人类创造的文明可以毁灭人类，于是科学家们把原子弹的发明看成是“发现了上帝的秘密”。即使在这个人类看似越来越可能拥有长久和平的 21 世纪，原子弹仍然是人类的心腹之患。

当然，原子核裂变并不是只能用作制造原子弹。如果我们能够控制好产生能量的速度，和平利用也是有希望的。

反应堆与核电

1951 年，美国首次在爱达荷国家反应堆实验中心进行了核反应堆发电的尝试，发出了功率为 100 千瓦的核能电力，为人类和平利用核能迈出了第一步。此后不久，1954 年 6 月，苏联在莫斯科近郊粤布宁斯克建成了世界上第一座向工业电网送电的核电站，但功率只有 5000 千瓦。1961 年 7 月，美国建成了第一座商用核电站——杨基核电站，该核电站功率近 300 兆瓦，显示出了核电站的强大生命力。20 世纪 70 年代开始，核电站的发展进入了高潮时期，那个时候核电站的增长速度极其迅速。但是，从 80 年代开始，由于美国三哩岛事故和苏联的切尔诺贝利核电站事故的影响，使得很多人对核电站的安全问题产生了恐惧，从而导致核电站的发展进入了一个低潮期。

能够利用核能来发电，人们首先要解决的问题是能够很好地控制住核裂变反应的速度，这是解决问题的关键点。由于在实际的核反应过程中，要利用中子去轰击原子核促使反应发生，所以控制中子的数量就能达到控制链式反应强弱的目的。就目前来看，最常用的控制中子数量的方法就是用善于吸收中子的材料制成一种控制棒，然后通过调整控制棒的位置来控制维持链式反应的中子数量，从而实现可控制的核裂变速度。比如，当中子过多的时候，就将控制棒插入得多一些，它吸收中子的数量增多。而当中子比较少的时候，就把控制棒抽出来一点，这样它吸收的中子数就会少一些，如此操作就可以将参加反应的中子数量控制在一个比较合理的范围内。镉、硼、铪等材料吸收中子能力都比较强，所以常被用来制作成控制棒。

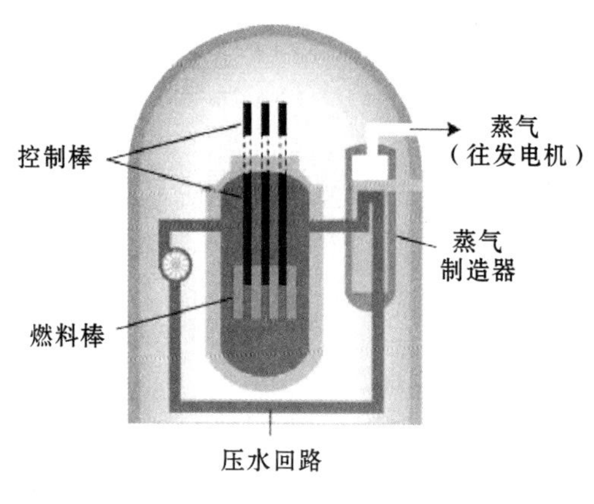

反应堆示意图

通常我们把核电站分成两个部分：“核岛”和“常规岛”。核岛部分指的是反应堆及其相关的辅助设备，这部分是核电站的核心部位，也是核能产生的地方，也是它不同于常规的发电站的地方。至于常规岛，就是汽轮发电机部分，这与一般的发电站没有什么区别，它是实现把核能转化为电能的地方。形象地说，核岛相当于原料产地，常规岛相当于加工车间，把原料投入车间中，出来的才是最后的产品。

核反应堆（简称为反应堆）是提供核能的关键设备，是进行裂变反应的专门装置，是一种特殊的压力容器，也可以把它称为“原子炉”。根据反应堆的用途、所采用的核燃料、冷却剂与慢化剂的类型，以及中子能量的大小，反应堆可以分成很多的类型。尽管各种反应堆的结构和组成有着很大的

正在安装核电站

区别，其基本的组成还是相差不多。目前，反应堆的组成大体上包括：燃料组件、冷却剂、慢化剂、控制棒、堆内构件、反射层、反应堆容器、热屏蔽体、自动控制系统和监测系统等。那么，从用途看，反应堆有生产堆、动力堆、研究堆和生产—动力堆；从核电站来看，动力堆这种用于生产动力的反应堆才是被大量应用的。

从反应堆的慢化剂和冷却剂来看，可分为轻水堆、重水堆和石墨堆等。

轻水堆就是用水或者汽—水混合物作为一次冷却剂和慢化剂的反应堆。轻水堆又有两种堆型：沸水堆和压水堆。前者的最大特点是作为冷却剂的水会在堆中沸腾而产生蒸汽，故叫沸水堆。后者反应堆中的压力较高，冷却剂水的出口温度一般会低于相应压力下的某个温度，水不会沸腾，因此这种堆叫压水堆。轻水堆是目前世界上的核电站中应用最为广泛的反应堆类型，在全世界的核电站中轻水堆约占九成，其中的压水堆则又在核电站的各类堆型中约占六成。

我国自行设计和建造的第一座核电站——秦山核电站是压水堆型的核电站，它的电功率为300兆瓦，于1991年12月15日建成并投入使用。后来，广东大亚湾的两套核电机组也是压水堆型的，是从法国进口的。目前，我国自行设计的秦山核电站二期工程、江苏田湾核电站的两套机组、广东岭澳核电站的两套机组都是压水堆型的。唯一例外的是秦山核电站三期工程，它采用的是重水堆型。

重水堆以重水作为冷却剂和慢化剂。由于重水对中子的慢化性能好，对中子的吸收较少，因此重水堆可以采用天然铀作燃料。这对天然铀资源丰富、又缺乏浓缩铀能力的国家是非常有吸引力的。又由于重水非常昂贵，为了减少重水因泄漏造成损失，相关设备要求更高，这导致核电站的制造成本大大增加。因此，在核电站中，重水堆仅占5%左右。加拿大、日本、英国和德国都对重水堆进行了开发，加拿大取得的成绩最大，我国秦山核电站三期所采用的重水堆机组就是从加拿大进口的。

石墨堆是指用石墨作为慢化剂的堆型，所以再根据冷却剂的不同还可细分为石墨水冷堆、石墨气冷堆等。石墨气冷堆经历3代了。第1代气冷堆是以天然铀作燃料，石墨作慢化剂，二氧化碳作冷却剂，这种堆型早已停建。第2代称为改进型气冷堆，它采用低浓缩铀作燃料，慢化剂仍为石墨，冷却剂也是二氧化碳，但冷却剂的出口温度已由第1代的400摄氏度提高到600摄氏度。第3代为高温气冷堆。与前两代的区别是采用高浓缩铀作燃料，并用氦作为冷却剂。由于氦冷却效果特别好，用作慢化剂的石墨又是耐高温的，气体出口温度可以高达800摄氏度，所以又把这一代称为“高温气冷堆”。就目前来看，这种堆型在核电站中使用还不是很广泛，在核电站的各种堆型中只占3%弱。

这几种堆型中引起核燃料裂变的主要是能量比较小的热中子，这些反应堆都是所谓的“热中子堆”，也被称为“慢堆”。为了让中子的速度慢下来，堆内必须装有大量的慢化剂。“快中子反应堆”（也称为“快中子堆”或“快堆”）中是不用慢化剂的，裂变是依靠能量较多的快中子进行的。如果“快中子堆”中采用钚-239作燃料，则消耗一个钚-239核就能产生约2.6个中子。除了维持链式反应用去一个中子外，由于不存在慢化剂的吸收，因此还可能有一个以上的中子的剩余。例如，可把堆内天然铀中的铀-238转换成钚-239，其结果是新生成的钚-239核与消耗的钚-239核之比（所谓增殖比）可达1.2，也就是说，新生成的比消耗掉的还要多，这就真正实现了裂变燃料的增殖。所以这种堆也被称为“快中子增殖堆”。它所能利用的铀资源中的潜在能量要比热中子堆大几十倍，这正是快堆突出的优点。

由于快堆堆芯中没有慢化剂，所以堆芯结构紧凑、体积小。但传热问题就特别突出，通常都采用液态金属钠作为冷却剂。快中子堆虽然有如此多的好处，应用的前景也很广阔，可技术难度非常大，所以它在目前核电站的各种堆型中仅占0.7%。

2007年，日本首座使用钚铀混合氧化物的核反应堆开始运转，标志日本进入钚热发电时代。2009 年 11 月 6 日，位于西南部佐贺县的玄海核电站 3 号机组于上午 11 时正式启动。这是一座 118 万千瓦压水堆。玄海核电站共有 4 座核反应堆，总发电量大约 300 万千瓦。玄海核电站 3 号机组启动，标志着日本朝“核燃料再利用”迈出最后一步。钚铀混合氧化物由对已使用过的铀燃料再加工制成，以这种混合氧化物为燃料的钚热发电可以提高钚、铀利用率。

我国核电设计工作从 20 世纪 70 年代开始，从 80 年代中期才开始核电建设的事业。到目前为止，我国已经拥有 3 个核电基地：浙江省的秦山核电基地，5 台核电机组；广东大亚湾核电基地，4 台核电机组；江苏省田湾核电基地。另外，我国还计划开发一些核电基地，如两个新的核电基地：浙江省三门核电基地和广东省阳江核电基地。目前，我国正在运行和在建的核电站装机总容量达到了 8700 兆瓦。到 2020 年，我国的核电发电量要占到总发电量的 4%，装机容量将达到 36 000 兆瓦。日前，在建和运行的机组中，在自主设计开发的同时，还采用了法国、加拿大和俄罗斯等国家的相关技术。由于技术水平的限制，现在的核能全都来自于受控核裂变。

1957 年以来，人们开始建设核电站利用核能发电，到现在，核电约占全世界电力的 1/5，对繁荣经济产生了巨大作用。但在近半个世纪的发展中，核能也曾给人类带来过巨大的伤害，“核泄漏”这种“隐患”就如一颗定时炸弹。历史上曾发生过的一些核泄漏事故造成了相当的危害，最严重的两次是 1986 年发生在苏联的切尔诺贝利核泄漏事故和

大亚湾核电站

2011年3月发生在日本福岛的核泄漏事件。后者是目前最近的一次核灾难，也再一次引发了关于核能的争议。

虽然发生的核安全事故的次数并不是很多，相对而言核电站还是很安全的，但是安全问题必定是人们需要考虑的第一问题。一旦出现问题，后果就很严重。在核电站的安全问题上，在传统的三重防护屏障和现有的反应堆安全系统和安全设施基础上，新型的安全设计正在被引入核电站中。所以，我们还是有理由相信核能一定能够成为越来越安全的能源，要使它为人类驯服地工作。

1亿摄氏度下的核聚变

从核裂变的途径获得核能，相对来说容易一些，已经取得了很大的成功，但也存在一些难以克服的问题。

一方面，铀和钍的储量是有限的；另一方面，核裂变所产生的放射性碎片处理起来也很麻烦。因此，核能利用的另一途径——核聚变，成为人们非常关心的问题。

核聚变又称热核反应，它是将氘和氚聚合成一个较重的原子核，同时释放出巨大的能量。核聚变的条件很苛刻，必须在几千万度的超高温下，轻核才有足够的动能去产生持续的核聚变。由于超高温是核聚变发生必需的外部条件，所以核聚变又称为热核反应。

氘在海水中含量非常丰富，而且提取也相对容易。海水中的重水是提取氘的重要原料。每立方米海水中的氘可以放出的核能相当于大约 270 吨煤或 1360 桶石油燃烧放出的能量，而全球海洋中的氘的总能量供应相当于全世界化石燃料总能量供应的 5000 万倍。若可控的氘—氚反应能够实现，海洋将成为人类用之不竭的能源源泉；又由于聚变反应没有核污染的威胁，所以更安全，核聚变是理想的能源来源方式。

科学家认为，包括太阳在内的恒星所以能在漫长的岁月中持续不断地辐射能量，是由于在恒星的内部进行着核聚变反应。太阳辐射的光和热主要来自氢核聚变成氦原子核时所释放的能量。太阳到了老年阶段，氦原子核也可以发生聚变，以形成更重的原子核，再次放出能量。在比太阳更老的星体中，氦原子核可能已经聚合成了较重元素的原子核。根据恒星演化理论，化学元素周期表上的元素，都是星体寿命晚期阶段的原子核聚变反应中产生出来的。由此可见，聚变反应不但为宇宙提供光明，还是宇宙万物的“造物主”。

太阳中的热核反应是由高温引起的原子核反应。热核反应是原子核燃烧，它不同于普通的（化学）燃烧。聚变反应需要一个燃烧点，这是聚变反应的关键。热核反应的温度至少几千万度甚至上亿度。

在氢弹爆炸中发生的也是核聚变反应，属于不可控的核聚变反应，可控的核聚变反应至今仍在研究。核聚变反应的主要困难是如何获得热核反应所需的100 000 000摄氏度的高温，并且如何约束高温下的热核材料。

我国爆炸的第一颗氢弹

由于核聚变要求很高的温度，目前只有在原子弹爆炸和由加速器产生的高能粒子的碰撞中才能实现。使核聚变能够持续地释放，并成为人类可控制的能源来源方式，这仍然是科学家奋斗的目标。

氢弹并不是用普通氢作为燃料，而是用氢的同位素氘和氚作为燃料。所以，准确地说应把氢弹称为“氘氚弹”，也往往把它称为“聚变弹”，把原子弹称为“裂变弹”。对一般人来说，叫氢弹就行了。

1949年，当苏联研制成功原子弹后，美国核物理学家爱德华·泰勒就督促当时的美国总统杜鲁门，要加快研制氢弹，争取在苏联的前面把氢弹研制出来。泰勒马上回到了洛斯·阿拉莫斯实验室，全力以赴地投入到氢弹的研制工作中。1952年11月1日，世界上第一个热核聚变装置——氢弹在太平洋上的恩尼威托克岛爆炸成功。泰勒成为名副其实的“氢弹之父”。

爱德华·泰勒

泰勒于1908年1月15日出生在匈牙利首都布达佩斯的一个犹太家庭里，父亲是一名律师，母亲是钢琴家。虽然将近两岁才张口说话，但泰勒在小学时就显露出超人的数学才能。他在父亲的指导下，到德国莱比锡大学报考的却是物理专业，同时他也没有放弃对数学的钻研。1930年，泰勒获得了莱比锡大学的物理博士学位，并在德国的一所大学任教。1935年，由于纳粹迫害犹太人，泰勒和妻子被迫离开了德国，并辗转到了美国，在乔治华盛顿大学教书。1941年，他正式成为美国公民。

1939年，泰勒和另两位核物理学家一起，找到爱因斯坦，向他陈说原子弹的重要性，并给美国总统富兰克林·罗斯福写信，敦促美国研制原子弹。不久，美国由著名核物理学家和“原子弹之父”奥本海默牵头，在新墨西哥州的洛斯·阿拉莫斯成立秘密实验室，以研制原子弹。1943年，泰勒加入了制造原子弹的行列之中，成为主要研究人员之一。1945年7月16日，世界上第一颗原子弹在新墨西哥州试爆成功。

1942年，美国科学家推断原子弹爆炸提供的能量有可能点燃氢核，引起聚变反应，并想借此来制造一种威力比原子弹更大的超级弹。1945 年原子弹成功了，但如何引爆氢弹呢？1952 年 11 月 1 日，美国进行了世界上首次氢弹试验。虽然威力相当于 1000 万吨 TNT 当量，但太笨重了，装置的总重达 65 吨，无法作为武器使用。后面的研究以此为基础，要逐步解决体积问题，找到用较小的原子弹引发任意大小的热核爆炸。

1961 年 10 月 30 日，苏联设计了一个当时世界上最大的氢弹，它的威力可达 1.5 亿吨 TNT（炸药）当量。在试验时，为了减少爆炸对地球产生的放射性沾染，氢弹的核原料减少了一部分。即便如此，当这样的氢弹在 4000 米上空爆炸时，爆炸的威力仍可达到 5800 万 TNT 当量，爆炸生成的蘑菇云高达 67 千米。这次试验的爆炸威力达到了氢弹威力的最高纪录。

在美苏研制成功氢弹后，英国、中国和法国也开始了氢弹研制的计划。1958 年 4 月 28 日，英国爆炸了第一颗氢弹。法国是第 4 个拥有核武器的国家，但氢弹的研究相对迟缓，到 1968 年 8 月 24 日才进行第一次试验。中国是第 5 个拥有核武器的国家，1966 年 12 月 28 日进行了第一次带有热核材料的核试验，相当于氢弹原理的试验，比法国早 20 个月，1967 年 6 月进行空投氢弹试验，威力达到了 330 万 TNT 当量。

在研制成功的氢弹中，“三相弹”应成为主要类型。由于普通氢弹是在原子弹的基础上，在原子弹外面包一层热核材料（氘、氚），由裂变反应放出热量引发聚变反应，进而释放出更多的能量。“三相弹”通过重核裂变触发轻核聚变。在物理学上又将普通的氢弹称为“双相弹”。“三相弹”是在普通氢弹的外面再包上一层贫铀（即铀238）材料。铀238平时很“安分”，但当氢弹发生核聚变时会产生大量高能中子，这些中子会引起铀238的原子核发生裂变，放出能量和裂变中子，前者增强了杀伤威力，而后者又可以反过来冲击氢弹中的材料，制造出新的氚，促成新一轮的热核聚变。这种氢弹经历了核裂变—核聚变—核裂变3个过程，所以称为“三相弹”。

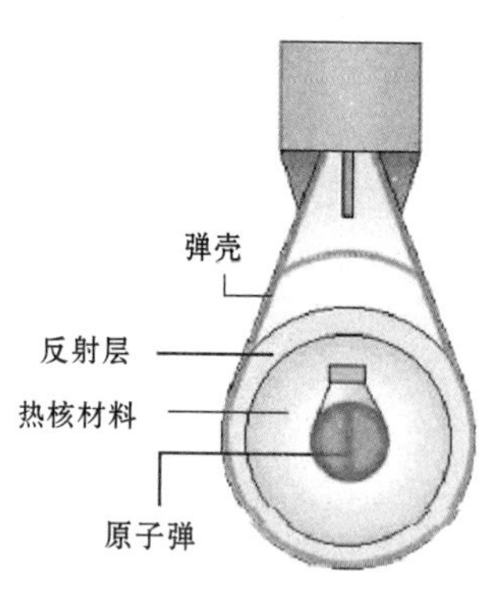

氢弹结构示意图

“三相弹”的威力大，其中裂变当量所占的份额相当高。一枚为几百万吨TNT当量的三相弹，裂变份额一般在50%左右，放射性污染较严重，所以也被称为“脏弹”。

氢弹的运载工具一般是导弹或远程轰炸机。为了具有良好的作战性能，氢弹自身的体积要小、重量要轻、威力还要大。20世纪60年代中期，大型的氢弹威力巨大，小型氢弹经过十余年的发展，威力也得到大幅提高。无论是大型氢弹还是小型氢弹，它们的威力似乎都已接近极限。

穿透坦克钢甲的中子弹

中子弹的另一个名字是“加强辐射弹”。中子弹是在氢弹基础上发展起来的。它的主要杀伤力是靠高能中子辐射，威力只在千吨 TNT 当量。中子弹属于第 3 代核武器。第 1 代和第 2 代分别为原子弹和氢弹。

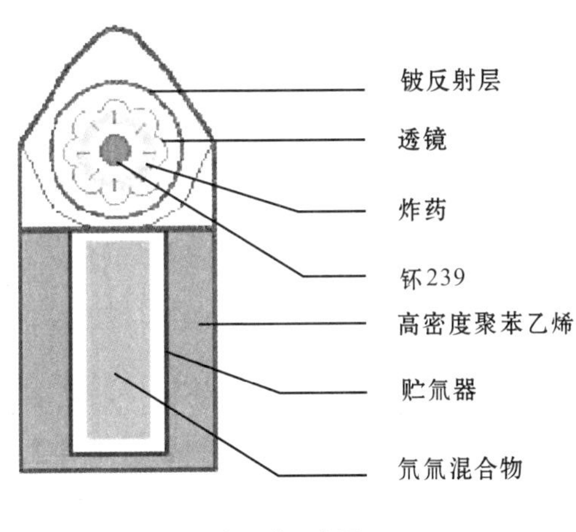

中子弹示意图

中子弹的中心是一个作为起爆点火用的超小型原子弹，它的周围是中子弹的炸药——氘和氚的混合物，外面是用铍和铍合金制作的中子反射层和弹壳，此外还带有超小型原子弹点火起爆用的中子源、电子保险控制装置、弹道控制制导仪和弹翼等。

一枚千吨级 TNT 当量的中子弹，它的核辐射对人类的瞬间杀伤半径很大，它产生的冲击波对建筑物的破坏半径却不大。因此，使用中子武器，战后的城市将不会像原子弹或

中子弹爆炸

氢弹那样成为一片废墟，但人员的伤亡却会更大。中子弹实际上是一种主要用于杀伤生命的武器。

1958 年，有美国“中子弹之父”之称的塞姆·科恩开始研制中子弹。1962 年，劳伦斯·利物摩尔武器实验室最先取得进展，还在内华达州顺利实现试验件引爆。1963 年，科研人员取得了成功。科恩接受任务进行中子弹的研究工作时，他想用一种炸弹去阻止苏联军队的坦克群入侵西欧，这种炸弹要能够将敌人的所有作战人员都杀死或者杀伤，让他们的通信被阻断，但坦克外表面看来却是完好无损的。如此一来，不仅能够让敌军惨败，还能在表面上对敌方产生一定的迷惑，导致他们的反应变慢，从而延误战机。

1977 年，美国的卡特政府正式批准大规模生产中子弹，并装备军队。到 1978 年 4 月，美国总统卡特在国内外各种压力下，只得推迟中子弹的生产计划，但生产了一些中子弹的部件。

塞姆·科恩

中国在 1964 年成功试爆第一颗原子弹后，也注意到中子弹的研制。就在这一年，著名核物理学家王淦昌提出激光核聚变的初步设想，从此中国科学家也开始了有系统的研究工作。10 年后，科学家采用激光技术，在实验室中观察到中子的产生过程。到 20 世纪 80 年代初，他们又成功建造了用于激光核聚变研究的装置，80 年代末期成功试爆了中子弹。

中子弹的杀伤原理是利用了中子强大的贯穿能力。中子不会受到电场的作用，这也使它的穿透力特别强。在杀伤半径范围内，中子可以穿透坦克的钢甲和钢筋水泥建筑物的厚壁，直接杀伤里面的人员。中子穿过人体时，能让人体内的分子和原子发生一些变化，引起人体里的碳、氢和氮原子发生核反应，以此来破坏人体内的细胞组织。在这种情况下，人会发生痉挛、间歇性昏迷和肌肉失调等症状，严重时会在几个小时内死亡。

一般的氢弹都有一层铀 238 外壳，所以氢核聚变时产生的中子会被这层外壳大量吸收，从而产生出许多放射性污染物。中子弹是没有这层外壳的，所以，中子弹既可以使核聚变产生大量中子，这些中子又可以毫无阻碍地辐射出去，减少了光辐射、冲击波和放射性污染。因此，中子弹的使用往往不会产生严重的环境问题。

五、极低温度下的奇迹

20世纪上半叶，物理学发生了一场革命，革命的成果是建立起相对论和量子力学。特别是量子力学在材料科学的研究引发了巨大的飞跃，像半导体物理学的建立，使科学家发明了晶体管和集成电路，使巨型电子计算机或电子计算机的小型化得以实现，还有像激光物理学的发展大大拓展了相关技术的发展，如光通信技术的飞速发展。当然，材料科学的发展也是非常快的，拓展也极广。

“绝对零度先生”

1853年9月21日，卡末林·昂内斯（1853～1926）出生于荷兰的格罗宁根。他的父亲是格罗宁根附近一所砖窑的主人。父母都是博学之士，对他要求很严格，使他认识到勤劳和忍耐的重要性。他从牙牙学语时就跟着大人学认字，稍大一点，开始涉猎诗词歌曲，但对天文学、物理学和化学表现出了特殊的兴趣。1870年，卡末林·昂内斯进入格罗宁根大学学习物理学和数学，第二年获科学学士学位。1871～

1873年在海德堡大学攻读，成为德国著名的化学家本生（1811～1899）和物理学家基耳霍夫（1824～1887）的学生。回到格罗宁根大学后，1878年通过考试获科学硕士学位，后被任命为工业学院院长助理。1879年以论文“地球旋转的新证据”获格罗宁根大学博士学位。他的博士论文从理论上和实验上证明，著名的“傅科摆”实验只是能以简单的方式证明地球旋转运动的大量现象中的一个特例。1881～1882年，他曾在学校做代课教师，1882年成为莱顿大学的实验物理和气象学教授。1892年制造了一种阶梯式气体液化制冷装置，1901年创立仪器制造者培训促进会。1906年制成液态氢，1908年制成液态氦。1911年发现超导性，1913年由于其在低温物理学方面的工作而获得诺贝尔物理学奖。这是因卡末林·昂内斯对低温下物质特性的研究，特别是这些研究导致了液氦的生产。

早在1871年，卡末林·昂内斯就表现出了解决科学问题的才能。这一年，乌得勒支大学自然科学院组织了一次竞赛，卡末林·昂内斯获得了金质奖章；第二年又获得在格罗宁根大学举行的一次竞赛的银质奖章。他和著名的德国物理学家基耳霍夫一起工作期间还获得“研究会奖”，他是基耳霍夫两名助手中的一个。卡末林·昂内斯30岁时当选阿姆斯特丹皇家科学院院士，他是国际液化协会的创始人之一，还是第一个认识到超导性的人。卡末林·昂内斯一直没有退休，他在1926年3月21日逝世前一直在坚持工作。

卡末林·昂内斯被人们誉为“低温之父”，又被称为“绝对零度先生”，由此可见他对低温学贡献之大。人们曾经略带调侃地说："地球上最冷的点在莱顿大学"。

卡末林·昂内斯

1873年，荷兰物理学家范德瓦耳斯（1837～1923）在他自己的博士论文"气态和液态的连续性"中，提出了包括气态和液态的"物态方程"，也被称为范德瓦耳斯方程。1880年，范德瓦耳斯又提出了"对应态定律"，进一步得到物态方程的普遍形式。在范德瓦耳斯的理论指导下，英国人杜瓦（1842～1923）于1898年第一次实现了氢的液化。范德瓦耳斯创建的物质分子理论在卡末林·昂内斯的研究中起到了重要作用。卡末林·昂内斯所在的荷兰莱顿大学发展了低温实验技术，建立了低温实验室。这个实验室的创始人和主任就是著名低温物理学家卡末林·昂内斯。

自从1823年法拉第（1791～1867）第一次观察到液化氯以后，各种气体的液化和更低温度的实现一直是实验物理学的重要课题。

当时低温的获得主要是采用液体蒸发和气体节流膨胀的方法。要得到很低的温度，往往需要采用两种联合的办法。首先，把要液化的气体压缩，同时利用另一种液体的蒸发带走热量，然后再让气体作节流膨胀，气体由于对外做功而消耗气体的内能，进而降低了气温。这个原理在物理上都已解决，没有什么新内容，但在操作上却存在许多技术问题。卡末林·昂内斯决心攻克液体氦这个低温堡垒，他以极大的精力改善了实验室装备，并使之由初具规模发展到后来居上的水平。

1892年，卡末林·昂内斯制造了一种阶梯式气体液化装置，为他的实验室提供液态氮和液态氧。这一制冷装置利用了多级冷却原理，即前一级冷却的气体被用于下一级冷却中。这种方法一直被人们使用着。莱顿低温实验室于1894年建立了能大量生产液氢和其他气体（包括氦气）的工厂和一栋规模甚大的实验楼。他以工业规模建立实验室，这在历史上还是第一次。就是从这里开始，物理学由手工业方式走向现代的大规模水平。

1906年，卡末林·昂内斯已经能够将氢液化了，虽然他比别人晚了8年。1908年7月10日是一个重要的日子。卡末林·昂内斯利用他对范德瓦耳斯研究工作的深刻理解，估算出了液化氦所需要的温度，预计是在5～6开（也可写成K），换算成摄氏温标的数值，为－268～－267摄氏度。液氢是自制的，这次卡末林·昂内斯共获得了60毫升的液氦，达到了4.3开（约－269摄氏度）的低温，液化温度只比绝对零度高几度。

超导的发现

19世纪，由于对物质导电的认识有了一定的进步，导电规律已建立了欧姆定律、基尔霍夫定律、电阻定律等，但关于物质导电的机理则没有多少认识，这也成为科学家要研究的非常重要的问题。

1882 年，卡末林·昂内斯成为莱顿大学物理系教授，他把实验室的全部研究工作都确定在低温上。卡末林·昂内斯的目标不仅在于获得了更低的温度，实现气体的液化和凝固，他更注意探讨在极低温条件下物质的各种特性。1911 年，卡末林·昂内斯将兴趣转移到了在低温下对物质性质的研究上。

1911 年 2 月，卡末林·昂内斯用铂丝作测试样品，测量电阻靠惠斯通电桥。测出的铂电阻先是随温度下降，但是到液氦温度（4.3 开）以下时，电阻的变化却出现了平缓。这是第一次观察到的超导电现象。于是卡末林一昂内斯和他的学生克莱在 1908 年发表论文讨论了这一现象。他们认为，这是杂质对铂电阻产生的影响，致使铂电阻与温度无关；如果金属纯粹到没有杂质，它的电阻应该缓慢地向零趋近。

为了检验自己的判断是否正确，卡末林·昂内斯寄希望于比铂和金更纯的水银。从技术上讲，水银是当时能够达到最高纯度的金属，采用连续蒸馏法可以较为容易地做到这一点。

1911 年，卡末林·昂内斯让他的助手霍耳斯特进行这项实验。水银样品浸于氦恒温槽中，以恒定电流流经样品，并测量样品两端的电位差。出乎他们的预料，当温度降至氦的沸点（4.2 开）以下时，电位差突然降到了零。卡末林·昂内斯在 1911 年 4 月 28 日宣布了这一发现。此时他还没有看出这一现象的普遍意义，仅仅认为是只与水银有关的特殊现象。

1913年，卡末林·昂内斯又发现了锡在3.8开电阻突降为零的现象，随后发现铅也有类似效应。卡末林·昂内斯宣称，这些材料在低温下“进入了一种新的状态，这种状态具有特殊的电学性质”。“超导”一词就是卡末林·昂内斯对这一现象的称谓。1913年9月，在华盛顿召开第3届国际制冷会议，昂内斯在会上正式提出了“超导态”的概念。

这是一项非同寻常的发现！它不仅预示着电力工业的美妙发展前景——可以大大提高发电效率，还可以为人们利用这种超导电性制造超导电机、超导磁铁和超导电缆等，为电气工业技术开辟了广阔的天地。

1920年以后，卡末林·昂内斯又重新开始研究氦，并且揭示出：在绝对温标2.2开时，这种气体的密度最大。可惜的是，他虽然在有生之年注意到氦在这一温度下的一些异常特性，但在逝世之前，没有能够完成这项工作，也没有宣布他发现的这一现象，这一特性后来被称为超流性。物质的超流性也像物质的超导性一样神奇。

巴丁—库珀—施里弗理论

自昂内斯发现超导现象之后，人们一直或公开或隐藏了一个问题：为什么一些金属在极低温的情况下，它的电阻就消失了呢？而且为什么这种现象还可以持续较长的时间呢？据说，在20世纪50年代，有人把一个铅环冷却到绝对温度

7.25 开以下，用磁铁可在铅环中感应出几百安培的电流。实验人员从 1954 年 3 月 16 日开始实验，在与外界隔绝的条件下，到 1956 年 9 月 5 日，铅环中的电流仍然未发生变化，并且持续地流动着。

不过，如果有人要问，为什么在我们日常的常温下，金属中电流会产生电阻而使电流衰竭呢？在极低温的条件下，金属中的电流却因电阻消失而电流依旧呢？

就在那个能保持电流持续两年的实验正在进行之时，美国物理学家巴丁（1908～1991）开始思索超导的理论问题。为了深入研究超导问题，巴丁意识到数学方法的重要性，为此，他邀请博士后库珀一起工作；还有巴丁的一个研究生，名叫施里弗。施里弗对超导理论的研究也很有兴趣。这样，巴丁、库珀和施里弗就一起干了起来。

巴丁是著名的物理学家。他出生在美国威斯康星州的麦迪逊。1928 年毕业于威斯康星大学，获得电气工程学方面的理学士学位；接着在该校攻读无线电辐射和地球物理学，并于 1929 年获得硕士学位。1930 年到宾夕法尼亚州匹兹堡海湾研究与发展公司的地球物理学部工作。1933 年到普林斯顿大学攻读数学物理学，在著名的物理学家维格纳（1902～1995）的指导下获得哲学博士学位（他是维格纳门下的第二个美籍博士）。他是美国培养出的第一代固体物理学方面的专业人才。1935 年，巴丁开始在哈佛大学任初级研究员。1938 年在明尼苏达大学任物理助理教授。在第二次世界大战期间，他于 1941 年受聘于华盛顿海军军械实验室，他参与了一些军事研究项目。在战争结束后，他被物理学家肖克利（1910～1989）动员到美国著名的工业研究机构——贝尔电话实验室（后改称贝尔实验室）。巴丁到了位于新泽西州默里山的实验室，从事固体物理学的研究工作。1951 年后到伊利诺伊大学任物理学与电气工程学教授。在伊利诺伊大学，巴丁的研究方向转到了凝聚态物理的另一个分支——超导物理学。1959～1962 年任美国总统科学咨询委员会委员。1960 年后任罗彻斯特静电复印公司经理。巴丁是美国科学院院士，1968～1969 年任美国物理学会会长。

巴丁到贝尔电话实验室后，他们成立了一个研究小组，以开发新型的半导体器件。他们以半导体硅和锗为研究对象，试图控制半导体内电子的行为。他们还想用这种新型器件取代电子管（也叫真空管）。由于巴丁曾获得固体物理学方面的博士学位，对固体导电理论很有造诣，在这个小组中巴丁以理论擅长，并且与以实验擅长的布拉顿密切配合，结果，他们在 1947 年 12 月终于研制成第一只点接触型晶体管。巴丁也因此与布拉顿（1902～1987）和肖克利获得了 1956 年诺贝尔物理奖。

除了诺贝尔奖之外，巴丁于 1952 年获得富兰克林研究所授予的巴兰坦奖章，1954 年，美国物理学会授予巴丁巴克利奖金，1955 年美国费城授予巴丁约翰·斯可特勋章，1962 年获弗里茨·伦敦奖，1964 年获文森特·本迪克斯奖，1966 年获国家科学奖章，1968 年获莫勒奖，1975 年获富兰克林奖章，1977 年获总统自由奖章。

由于要到瑞典首都斯德哥尔摩去参加颁奖仪式，巴丁在 12 月份就离开了伊利诺伊。也就是在这些日子，库珀和施

肖克利（坐者）、巴丁（左）和布拉顿（右）

里弗取得了重大的进展，竟然圆满地完成了巴丁留下的“作业”。当巴丁回到学校时，他看到二人的研究结果非常高兴，并且确认了这些结果。

说起来，超导理论还是挺有趣的。库珀提出了一个模型。他的理论可以作个比喻。

所谓导电，在平常的导体中，电子们各自“行走着”。但是，这些电子并不“守纪律”，电子之间时有“碰撞”，正是这些“碰撞”，使电子之间彼此干扰了它们各自的“行走”。这就是导体内产生电阻的缘由。然而，当温度降低到“临界温度”以下时，电子们突然“团结”起来。电子们会“两两”地携手“行走”。正是这些“电子对”的合作，电阻竟奇迹地“消失”了。而且，温度越低，结成的“电子对”就越多，“电子对”的结合就越加牢固，不同的“电子对”之间的相互干扰就更弱了。由于这种“电子对”是库珀提出的，所以也被称为“库珀对”。

巴丁、库珀和施里弗成功地建立起关于超导的微观理论。为了表示对他们的尊敬，他们的理论就以他们的姓氏中的头一个字母组成这种理论的名称，即“巴丁—库珀—施里弗理论”，或简称“BCS 理论”。他们在超导理论研究上的成就也使他们获得了 1972 年度的诺贝尔物理奖，而且，至今，巴丁还是唯一的两次获得诺贝尔物理奖的物理学家。

为了促进超导物理学的研究，巴丁把第二次诺贝尔奖捐赠于设置的弗里茨·伦敦奖（巴丁曾得到过这个奖）和弗里茨·伦敦纪念馆讲座，以纪念在超导领域中做出贡献的物理学家弗里茨·伦敦（1900～1954）。

缪勒的贡献

超导体的特性使它能在各种领域得到广泛的应用。但早期的超导性发生在液氦极低温度条件下，大大限制了超导材料的应用，人们一直试图在提高超导转变的温度。虽然巴丁、库珀和施里弗在超导理论上的研究取得了一定的突破，但总起来看，超导的实验研究并不顺利，特别是各种超导材料的临界温度，提高得很慢。从 1911 年到 1986 年，75 年间从水银的 4.2 开提高到铌三锗的 23.2 开，才提高了 19 开。也就是说，1975 年总算有了一定的进展，用铌三锗进行超导实验时，它的临界温度达到了 23.2 开。到 1986 年，美国国际商用机器公司设在瑞士苏黎世实验室的两位物理学家将超导的临界温度提到30开，也就是说，一下子就提高了近7开。

这两位物理学家名叫缪勒和柏诺兹。高临界温度超导电性的探索是凝聚态物理学的一个重要课题，自从发现超导电性以来，人们逐渐认识到超导技术潜在的应用价值，世界许多国家都花费很大力气开展这方面的工作。然而在研究的早期，超导转变温度太低，离不开昂贵的液氦设备。因此，如何提高超导转变临界温度就成了许多科学家研究的课题，这其中就包括缪勒和柏诺兹。

缪勒

缪勒早期研究固体物理，涉及范围包括电磁学、热力学、固体结晶学和电子材料应用。1970年开始进行超导研究。1983年，他和柏诺兹合作研究$LaNiO_3$与$LaAlO_3$混合晶体的超导特性。1985年，他们受到法国科学家米歇尔关于钡镧铜氧物质研究论文的启发。开始对镧铜氧体系进行长期深入的研究。他们采用钡、镧、铜的硝酸盐水溶液加入草酸形成沉淀，以制备样品，将草酸盐混合物在900摄氏度加热5小时使沉淀物分解，并进行反应，然后压成片状，再在还原性气氛中以900摄氏度的温度进行烧结，形成金属型缺氧化合物多晶体。经实验分析，样品在300开以下的温度范围内测量电阻率—温度关系得出：开始时，随着温度下降，电阻率呈线性地减小；在经过极小值后，电阻率又以温度的对数函数形式增大；最后，电阻率急剧下降3个量级而变为零。对于有些样品，其电阻率峰值所处的温度值为 35 开，而电阻完全消失的温度为 13 开。当时由于只测量该物质的电阻率，未测量超导体的另一重要性质——完全抗磁性，故不能完全肯定是一种超导现象。1986 年 4 月，他们在德国《物理学报》上，措词谨慎地发表了题为《可能的钡镧铜氧系高 Tc 超导电性》文章。同年 10 月，他们自己和日本东京大学各自独立地作了进一步验证，证明在小于 0.1 特的磁场下样品呈现出抗磁性，最初出现抗磁性的温度发生在 $T=(33\pm2)$ 开。如果施加 1～5 特的磁场，抗磁性即消失，从而完全证实，材料的确发生了超导转变。

这是一个重大的突破，当时的人们认为，他们的这一研究成果宣告了超导技术开发时代即将到来。进而掀起了以研究金属氧化物陶瓷材料为对象，以寻找高临界温度超导体为目标的“超导热”。全世界有 260 多个实验小组参加了这场竞赛。

超导材料研究的世界竞赛

以中国、美国和日本为中心，世界各国迅速掀起“超导研究热”。短短 3 个月内，超导起始转变温度从 33 开迅速提高到 100 开以上，人类首次获得了液氮温区的超导体。

缪勒和柏诺兹的研究成果引发了许多人的兴趣。尤其是他们使用的材料钡镧铜氧化物（Ba-La-Cu-O），这种氧化物高温超导陶瓷自然引起了科研人员的高度重视。不久，日本东京大学工学部将超导温度提高到 37 开，美国休斯敦大学的美籍华裔科学家朱经武又将超导温度提高到 40.2 开。

在当年的年底，即 1986 年 12 月，中国科学院物理研究所的赵忠贤和陈立泉领导的研究小组获得了起始转变温度为 48.6 开的结果。这是一种锶镧铜氧化物（Sr-La-Cu-O）。1987 年 1 月初，日本川崎国立分子研究所将超导温度提高到 43 开；不久日本综合电子研究所又将超导温度提高到 46 开和 53 开。

赵忠贤研究小组还看到这类物质有在 70 开发生转变的迹象。

1987 年 2 月 15 日，朱经武和吴茂昆获得了转变温度为 93 开的纪录。他们使用的是一种钡钇铜氧化物（Ba-Ir-Cu-O）。2 月 20 日，中国科学家宣布发现 100 开以上超导体。3 月 3 日，日本科学家宣布发现 123 开超导体。3 月 12 日中国北京大学成功地用液氮进行超导磁悬浮实验。3 月 27 日美国华裔科学家又发现在氧化物超导材料中有转变温度为 140 开的超导迹象。超导体的突破实现了以液态氮代替液态氦作超导制冷剂，使超导技术开始走向大规模开发应用。氮是空气的主要成分，液氮制冷机的效率比液氦至少高 10 倍，所以液氮的价格仅相当于液氦的 1/100。1988 年，中国科学院的研究单位又发现了临界温度为 120 开的钛钡钙铜氧化物（Ti—Ba-Ca-Cu-O）。这些成就显示了中国在超导研究材料研究上的基础和实力。

1986 年超导研究的突破，又经 1987 年的“超导热”，人们开始将注意力集中在超导陶瓷的研究与应用上。专家估计，如果研究的进展正常，再经过约 50 年的时间，技术人员会开发出超导线材、缆材和带材。这些超导材料可以稳定地在近 80 开的温度保持超导性能，临界电流密度要超过 10 万安培/厘米^2。

从更远的目标看，科技人员要使临界温度达到 240 开，甚至达到 300 开左右，这差不多是零下 30 摄氏度，或接近室温的水平了。从材料成分上看，可用氟、氮或碳来取代氧的元素，用铕、钬、镝来取代镧的元素，或者在钡钇铜氧化物（Ba-Ir-Cu-O）中添加钪、锶或别的金属元素，以提高超导材料的临界温度。这些材料都称为铜基超导材料。

在铜基超导材料之后，日本和中国科学家相继报告，他们发现了一类新的高温超导材料——铁基超导材料。物理学家认为，这是超导研究领域的一个“重大进展”。1986 年以后，铜基超导材料一直为全世界物理学家的研究热点。很多科学家都希望找到新的高温超导材料。2008 年 2 月，日本科学家首先发现，氟掺杂镧氧铁砷化合物在临界温度 26 开（－247 摄氏度）时具有超导特性。3 月 25 日，中国科学技术大学陈仙辉领导的小组报告，氟掺杂钐氧铁砷化合物在临界温度 43 开（－230 摄氏度）时也变成超导体。3 月 28 日，中国科学院物理研究所赵忠贤领导的小组报告，氟掺杂镨氧铁砷化合物的高温超导临界温度可达 52 开（－221 摄氏度）。4 月 13 日该小组又发现，氟掺杂钐氧铁砷化合物，假如在压力环境下，超导临界温度可进一步提升至 55 开（－218 摄氏度）。中科院物理所闻海虎的小组还报告，锶掺杂镧氧铁砷化合物的超导临界温度为 25 开（－248 摄氏度）。

超导体中的电子能无阻地前行，因为当低于某个特定温度时，电子就成对地组合起来。如果金属要阻碍电子运动，就要拆散电子对；但是在低于某个温度时，就难以拆散电子对了，因此电子对就能流畅运动。但是，电子对结合机制并不能解释临界温度最高可达 138 开（－135 摄氏度）的铜基材料超导现象。每一种铜基超导材料都是由层状的“铜—氧”面组成，其中的电子是如何形成的，仍未解。

新的铁基超导材料将激发物理学界新一轮的超导研究热。科学家们将着眼于合成由单晶体构成的高品质铁基高温超导材料。此外，科学家们还第一次在基于钚的材料中发现了超导电性。他们发现由钚、钴和镓组成的一种合金在绝对温标 18.5 开以下存在超导性。这个温度非常高，且反常得高，这表明，含钚化合物很可能也是一类新型的超导体。这是由美国洛斯阿拉莫斯国家实验室的科学家、在佛罗里达大学和德国的超铀元素研究所的合作者们共同完成的。这种材料有很高的临界电流（超过此界限材料就失去超导特性的电流强度），这对其实际应用非常有利；不利的是钚的放射性，这可能会限制其应用。

德国卡尔斯鲁厄技术研究院的科学家已经在德国坎森市的电网中铺设了世界最长的超导电缆，尽管它只有 1 千米长。比起常规的传统电缆，这根超导电缆的功率要高出 5 倍，而基本上没有什么损耗。这条可传输 1 万伏的超导电缆，设计的传输功率为 40 兆瓦。这种超导材料是一种特殊的陶瓷，在传输电能（无损耗）的情况下，需要将超导材料的温度下降至 70 余开，即 —200 摄氏度。这个温度区域只利用液氮作为冷却剂。当然，这只是一个试验项目，需要 2 年的时间进行试验。这在超导传输电能技术的发展中无疑是一座里程碑。相信在不远的将来，科学家一定能打造出一个更加安全、稳定和高效电网。

超导发电机

超导体的电阻为零，如果用于制作线圈，就可以把导线制作得很细；这样细的导线仍然可以通过极大的电流。这就可以形成极大的磁场，即形成超导磁体。它的磁感应强度可达 50 000～200 000 高斯（即 0.5～2 特斯拉），并且质量只有几十千克。如果用常规导体，要达到 100 000 高斯（即 1 特斯拉）的磁场它的重量要达 10 吨，如果用超导体则只需 1 千克。超导磁体的另一个优点是，不因产生热量而消耗电能；接通电流之后，电流就会不停息地持续下去，不需要补充电能。当然，如果要保持超导（磁）体的低温，还是要消耗一些能量的，但与常规的电磁体相比，还是划算得多。比如，一台常规的电磁体产生 100 000 高斯的磁场，它要消耗电功率 1600 千瓦，每分钟还要用 4.5 吨的冷却水。但是，如果要用超导体，如日本生产的超导磁体，达 175 000 高斯，耗电才 15 千瓦，其中还包括 13 千瓦的冷却用能。

与常规的发电机相比，超导发电机的结构相差不大；如果有些不同，那就是超导发电机的定子线圈和转子线圈都用超导体制作而成。在发电过程中，发电机的转子都由外力带动，而这种外力由水轮机、汽轮机或内燃机带动。

当转子线圈的电阻为零，线圈中的电流很大，这就可以形成一个强大的旋转磁场。这时，在这个旋转磁场中，定子的超导线圈不断地切割磁力线，就产生强大的电动势，并且输出强大的电能。

超导发电机的质量还会大大降低。一台 6 兆瓦的常规发电机，它重达 370 吨，而同样的超导发电机仅仅重 40 吨，所需要的成本也仅为一半。

对于常规的发电机，如果功率超过 1500 兆瓦，将是很困难的。转子线圈所产生的磁场是受到很大限制的，同样，定子线圈中由于通过的电流强度太大、发热导致温度太高，也会影响发电机的运转。超导发电机则大大提高了发电机的输出功率，至少较常规发电机的功率提高 20 倍以上，可达 20 吉瓦。

由此可见，超导发电技术的发展可提升电力事业的发展水平，远景是极大的，可满足社会对电力的更大需求。

●超导（磁悬浮）列车

在超导研究的早期，物理学家注意到超导体的抗磁性问题。具体地讲，人们是通过一个实验来演示的。

制作一个铅环和一个铅球，而后降低温度，铅的临界温度为 7.2 开，当温度达到 7.2 开以下时，铅环和铅球都变成了超导体。利用磁感应，使铅环内产生感应电流，环形电流产生磁场；并且这个磁场使铅球表面产生感应电流，感应电流产生的磁场，磁场方向与铅环产生的磁场方向相反，因此铅球受到的磁力向上。当这个磁力与铅球的重力达到平衡时，铅球便悬浮在铅环的上方。这种现象给人们一个很重要的启发，是否可以利用这种性质来开发出新的交通工具——磁悬浮列车。

早在 1966 年，美国科学家就提出了研制超导磁悬浮列车的设想。后来，除了美国，英国、德国、瑞典和日本的科学家也都相继开展研究。几十年下来，德国和日本都取得很大的进展，而且列车的速度可达 500 千米/小时。如果在北京与上海之间开通这种列车，只需 2.8 小时就可到达，也就是说，一天跑两个来回是不成问题的。

磁悬浮列车利用的材料是磁场强、体积小、重量轻的超导磁体。磁悬浮列车的原理是运用磁铁“同性相斥，异性相吸”的性质，使磁铁具有抗拒地心引力的能力，即“磁性悬浮”。这种原理运用在铁路运输系统上，使列车完全脱离轨道而悬浮行驶，时速可达几百千米。

列车是怎样悬浮起来的呢？研究人员在列车车厢的底部安装超导磁体，在列车行进的路面上埋设许多闭合矩形铝环，借此构成一种“铝轨”。当列车行进时，超导磁体相对于铝环运动，并在铝环中感应出强大的电流，由于电磁感应，这电流形成极强的磁场。由于铝环产生的磁场与列车上的超导磁体的磁场方向是相反的，所以产生斥力。这就使列车悬浮起来。一般来说，使列车悬浮起来，车速大约是 150

千米/小时。可见，在列车开始行进时，它仍然需要轮轨行进一段路程，在停车之前的减速时也一样。

利用超导效应，可以制造具有高灵敏的电磁信号探测元件和用于高速运行的计算机元件，还可以制造出超导量子干涉磁强计，能测出脑磁图和心磁图，这对研究人的大脑活动具有重大的意义。应用超导体于微波器件中，对通信质量的提高具有重大的应用价值，通信质量的提高将会提高人们的生活水平，改善现在的生活现状。

在军事工业中，超导扫雷是一个重要的技术。超导扫雷的原理是：超导扫雷具模拟舰船磁场特性，采用两根大电流电缆在海水中形成电极，并与海水组成闭合电路产生磁场，或者在船上安装一个电磁体产生磁场，从而得以将磁水雷引爆。

超导材料在受控热核反应和核磁共振上有重要的应用。核磁共振成像仪是一个实例。它的原理是：原子核带有正电，并进行自旋运动。通常情况下，原子核自旋轴的排列是无规律的，但加上外加磁场时，核自旋空间取向从无序向有序过渡。自旋系统的磁化矢量由零逐渐增长，当系统达到平衡时，磁化强度达到稳定值。如果核自旋系统受到外界作用，会激发原子核，即引起共振效应。在脉冲停止后，自旋系统已激化的原子核不能维持这种状态，原子核将回复到磁场中原来的排列状态，同时释放出微弱的能量，成为射电信号，把这许多信号检出，并进行空间分辨，就得到运动中原子核分布图像。核磁共振的特点是流动液体不产生信号，称为流动效应或流动空白效应。因此血管是灰白色管状结构，而血液为无信号的黑色。这样使血管软组织很容易分开。正常脊髓周围有脑脊液包围，脑脊液为黑色的，并有白色的硬膜为脂肪所衬托，使脊髓显示为白色的强信号结构。核磁共振技术已成熟，并已应用于全身各系统的成像诊断。

新奇的能量转换技术

19 世纪中叶，德国医生迈尔（1814～1878）和英国业余科学家焦耳（1818～1889）通过各自不同的途径，分别提出了能量守恒定律。从此，人们分析不同形式的运动，假如它们之间发生了转化，如摩擦生热（机械运动转化为热运动），或摩擦起电（机械运动转化为电运动）等，它们的总能量是不会变化的。

在 19 世纪下半叶，科学家们发现了一种新奇的现象。当在一些材料表面加上压力，就会在材料的表面带上电荷，而且这种材料表面的电荷密度与压力成正比。反过来在某些材料表面施加电场，也会使材料变形；同样，材料变形的程度也与施加的电场成正比。这两种互逆的现象被分别称为正压电效应和逆压电效应，这两种效应都被简称为压电效应。从本质上讲，这就是电能与机械能相互转化的例证。

如果要在材料上施加交变电场，材料就会随着交变电场的频率而产生伸缩式的振动。

在现代技术的发展中，科技人员对陶瓷进行研究，并使某些陶瓷具备了压电性能，如氧化铅、氧化钛、碳酸钡、氧化铌、氧化锌等。把它们在高温下烧结，这样制成的陶瓷，再进行高压电场下的处理，就能制成压电陶瓷。

压电陶瓷具有广泛的用途，如若归类，大约可总结为4类，即能量守恒型压电陶瓷、传感型压电陶瓷、驱动型压电陶瓷和频率控制型压电陶瓷。这里主要介绍第一类。

从能量转换的角度看，压电陶瓷可把机械能与电能相互转化。例如，像压电打火机（压电点火机）、炮弹引爆器等，这是将机械能转化为电能。又如，探寻水下的鱼群，对金属进行无损探伤，还有超声清洗和超声医疗等，这些是将电能转化为机械能的例子。

以压电打火机为例。这种打火机只需用大拇指一按就可以引燃可燃的气体。如果仔细观察，大拇指是通过一支钢柱在压电陶瓷上施加按压的力量；在压电陶瓷上产生高电压，并形成火花放电。一般的压电打火机中，所安装的压电陶瓷外形为圆柱形，尺寸为高4毫米，直径为2.5毫米。这样小的陶瓷柱，所得到的电压为10～20千伏。在放电点火时，陶瓷几乎不会有任何磨损，寿命会很长。所以，这样的打火机安全可靠，使用非常方便。

附带说说压电引爆装置。在反坦克炮弹中安装压电陶瓷器件。当炮弹打在坦克车身上时，压电陶瓷受到重压，产生高电压，并点燃炸药。由于这种撞击的压力很大，产生的瞬间电流达10万安培以上，甚至可引爆原子弹。

又如压电探鱼仪。这实际上是一种声呐装置。它可以发射声波，也可以接收声波。在发射和接收声波时都要用到压电陶瓷。在发射声波的部分，它是用交变电场使压电陶瓷伸缩振动。当交变频率接近压电陶瓷的固有频率时，就可以产生共振的现象。这时的波很强，可以传至千米以上。当声波遇到鱼群就会反射回来，当反射波作用在压电陶瓷上时，即变成电信号。经过电路的处理可以显现出鱼群的种类和密集程度，以及鱼群的方位和距离，为捕捞作业提供有价值的信息。

借助类似的原理，我们还可以搞清楚压电地震仪和压电超声治疗仪之类仪器的原理。当地震发生时，从地震源产生的地震波向四面八方传播。这种地震波作用在地震仪中的压电陶瓷上，会产生正压电效应，并感应出一定强度的电信号。由于压电陶瓷的灵敏度很高，可精确测出极小的信号，甚至一只蜜蜂在 10 多米外的地方拍打翅膀所引起的空气流动，作用在压电陶瓷上都可以感应出电信号。同样，对于微弱的地震波都能感应出电信号，所以，对地震预警会发挥极大的作用。

关于压电超声治疗仪可能不会使读者产生陌生感，其实这种仪器应用得最普遍。其中最有代表性的是 B 型超声诊断仪（简称 B 超）。这种仪器中的超声探头是用压电陶瓷制作的。在诊断过程中，探头发出超声波，动物体内的不同器官对超声波有不同的反应，即产生的吸收作用、反射作用和透射作用是不同的，所以，在接收这些反射波并转换成压电信号的强度是有不同的。这种电信号可显示在屏幕上，以图形的形式显示各个脏器的大小和位置，以及有无病变等。如果有病变组织，也可显示其大小和位置等。

六、纳米世界的美妙画卷

走进纳米尺度的世界

曾几何时，不经意间，纳米已经成为老百姓茶余饭后津津乐道的话题。纳米茶杯、纳米口罩、纳米鞋垫，还有纳米毛巾，于细微处显神奇的纳米技术可谓“润物细无声”，已经悄然无声地进了寻常百姓的生活，渗透到了衣、食、住、行等领域，使许多产品“旧貌换新颜”。虽然，对于普通老百姓来说，纳米到底是什么，其实并不是很清楚，甚至曾有人误以为，纳米是一种新出产的大米品种，并因此多方打听从什么地方能够弄到“纳米种子”。

纳米实际上是一个长度单位，1 纳米是 1 米的 1/1 000 000 000，20 纳米也只相当于一根头发丝粗细的 1/3000那么大。所以，所谓的纳米技术，就是将一些材料制成纳米尺度的颗粒，然后把它们进行重新组合或者添加到传统的材料中，从而引起一些意想不到的效果。

最早倡导纳米技术的是美国物理学家理查德·费曼，他早在 1959 年就描绘了一幅纳米技术的美妙画卷。如果我们能够控制物体微小规模上的排序，将获得很多具有特殊性能的物质。

在纳米尺度的世界里，会发生许多非常奇妙的景象。比如，传统的陶瓷材料，质地较脆、易碎，因此其应用受到了较大的限制。将纳米材料加入其中而出现的纳米陶瓷，则大大提高了其柔韧性和可加工性，就变得像金属一样。将纳米技术运用到计算机系统中，则可以大大提高计算机的信息存储和运算能力。而纳米医学则可以在纳米尺度上了解生物大分子的精细结构，以获得生命信息。在不久的将来，当纳米机器人被制造出来之后，它也许可以跑到人体内进行复杂的手术，消灭癌细胞！

1986 年，一个专门以展望未来为职业的预言家，美国预见研究所的工程师——埃里克·德雷克斯勒运用了更为通俗和形象的描述来展示了纳米技术的奇妙构想。他说：

我们为什么不制造出成群的、肉眼看不见的微型机器人，让它们在地毯上爬行，把灰尘分解成原子，再将这些原子组装成餐巾、肥皂和纳米计算机呢？这些微型机器人不仅是一些只懂得搬原子的建筑“工人”，并且还具有很绝妙的自我复制和自我维修能力，由于它们同时工作，因此速度很快又廉价得令人难以置信。

纳米技术之父

美国科学家斯莫利在研究星际分子中的碳问题时，还发现了一种具有新型结构的碳 60。

斯莫利 1943 年出生在美国俄亥俄州的一个小城市。少年的斯莫利最喜欢待在父亲设在地下室的“小作坊”。他曾向父亲学习过拆卸和装配家用电器，还学习过如何修理一些电气设备。他在地下室可以尽情地做自己想做的事情。

虽然斯莫利向父亲学习了一些修配和制作的知识，但他更加喜欢与母亲的交谈，因为他从小就坐在母亲的膝盖上听母亲讲科学家的故事。他听过母亲讲述的阿基米德、达芬奇、伽利略、牛顿和达尔文的故事。他还与母亲在野外采集标本，回来后还把有些东西放在显微镜下观察，看一些细胞的结构。这些知识和知识中蕴涵的方法，使他能够欣赏大自然的美，并且逐渐地理解这些美妙中的奥妙。

在斯莫利 14 岁时，他听到苏联发射第一颗人造地球卫星的消息。这对斯莫利确实产生了震撼，并促使他下决心要更加努力地学习科学知识。在此之前，斯莫利有些贪玩，学习上是不够用心的。这时，他要制订一个计划，就走进了顶楼之中。尽管没有暖气，他也浑然不觉。在学校，斯莫利与姐姐同在一个班上。姐姐学习很认真，成绩优良，而斯莫利就差多了，以前他也不觉得难为情。要赶上姐姐。在老师的指导下，他与姐姐成为班上学习最好的学生。这也使斯莫利的内心非常喜悦，也更加有了信心。

在中学时，斯莫利的物理成绩很好。后来，他与小姨妈聊到一些学科的特点，由于小姨妈是一位化学教授，从小姨妈那里他了解到一些化学知识，使他对化学专业产生了兴趣。当斯莫利走上工作岗位后，他听到了一句名言："化学家无所不能!"这使他更加兴奋，并且一直激励着他在化学研究工作中奋进。1969 年，26 岁的斯莫利又考取普林斯顿大学，攻读博士学位。几年下来，斯莫利不仅掌握了更加系统的专业知识，而且也像著名科学家的研究一样，在认真负责的同时，还要富于激情，有更高的追求。

1976 年，斯莫利来到赖斯大学工作。1981 年，他的研究小组发明了一种新的技术，可以制取一些小分子；特别是与柯尔和克罗托的合作研究，获得了新型的碳物质——碳 60。其实，在斯莫利的合作研究中，他们发现碳 60 并非首次。在他们之前已有一些研究人员获得过碳 60，但这些人并未深究。斯莫利三人则不同，虽然斯莫利对克罗托的研究课题并不很热心，不过，他发现克罗托的"三明治"模型并不合适。后来的"笼形"设想，使斯莫利激发了他从小培养起的美学修养，他所非常熟悉并刻意追求的化学物质结构中的对称美，这些启发了他的灵感，使想象力的火花迸发出来。

碳 60 奇妙的对称结构吸引了科学家，到 20 世纪 90 年代，关于碳 60 的研究论文大量发表出来。斯莫利三人，获得了 1996 年的诺贝尔化学奖。他们的这一发现开创了化学研究新领域。斯莫利还曾任美国赖斯大学纳米科学和技术中心主任，并当选美国国家科学院院士。

碳 60 的发现奠定了斯莫利在科学技术领域内的地位。在斯莫利的努力下，美国国会批准并创建了美国的国家纳米技术研究所。1999 年，在美国众议院对《国家纳米技术促进计划》进行听证，斯莫利在会上指出，“这些小小的纳米级家族成员，以及将它们组装并加以控制的技术——纳米技术，将会使我们的产业和生活发生革命性的改变。”他希望借助纳米技术的发展来解决类似能源这样的全球性问题，对宇宙化学、超导、材料化学和材料物理的研究也有重大的意义。为此，斯莫利也被誉为“纳米技术之父”。

2005 年，斯莫利因白血病不治，在美国休斯敦逝世。

●形形色色的纳米材料

纳米材料也被称为超微颗粒材料，由纳米量级的粒子组成，所以这样的粒子也叫“纳米粒子”。纳米粒子是一种超微颗粒，一般是指尺度在 1～100 纳米的粒子。

48 个原子围成的“栅栏”

图中显示用扫描隧道显微镜的针尖在铜表面上搬运和操纵 48 个原子，使它们排成一个圆形的

“栅栏”

1984 年，科学家采用气体冷凝的方法，成功地制造出了纳米铁粉，第一次真正获得了纳米级的材料。随后，美国、德国和日本科学家也先后成功制造出了许多种纳米材料的粉末和烧结体材料，开始了纳米材料及技术研究时代。

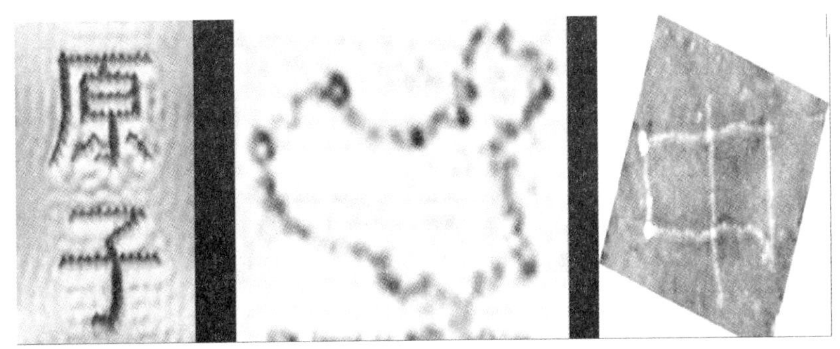

我国科学家操纵原子写出“中”、“原子”，绘出中国轮廓图

到目前为止，人们在纳米材料方面所取得的成绩，按照材料的形态，可以将这些材料分为 4 种。

（1）纳米颗粒材料。这种材料在使用的时候直接以纳米颗粒出现，像录音带、录像带和磁盘等都是采用磁性材料作为磁记录介质。目前的纳米金属磁粉（20 纳米左右的超微磁性颗粒）制成的金属磁带和磁盘，具有极高的记录密度，与普通的磁带相比，其优异的性能表现为高密度和低噪音等。

用超细的银粉或镍粉制成的轻烧结体，可制作化学电池、燃料电池和光化学电池中的电极，可以增大与液体或气体之间的接触面积，提高了电池的效率，有利于电池的小型化。有一种超微颗粒乳剂载体，特别容易和游散于人体内的癌细胞溶合，如果能够用它来包裹抗癌药物，就有可能制造出“打击”癌细胞的药物“导弹”。

（2）纳米固体材料。这种材料的颗粒尺寸小于 15 纳米，是一种超微颗粒。它可在高压力下压制成型，或者再经过一定热处理工序后形成密度很大的固体材料。

纳米陶瓷就是一种很典型的纳米固体材料，纳米陶瓷在一定的程度上可以增加韧性，改善脆性。

复合纳米固体材料亦是一个重要的应用领域。例如含有20％超微钴颗粒的金属陶瓷是火箭喷气口的耐高温材料；金属铝中含进少量的陶瓷超微颗粒，可制成重量轻、强度高、韧性好、耐热性强的新型结构材料。

（3）颗粒膜材料。这是将纳米颗粒镶嵌于薄膜中形成的复合薄膜。颗粒膜材料有诸多应用。作为光的传感器，颗粒膜传感器的优点是高灵敏度、高精度、低能耗和小型化。

（4）纳米磁性液体材料。这种材料是用超细微粒包裹一层有机表面活性剂，弥散在基液中，构成稳定的具有磁性的液体。英、美、日等国均有磁性液体公司，供应各种用途的磁性液体，如磁性墨水、超声波发生器、X 射线造影剂、磁控阀门、火箭和飞机用的加速计等。

以纳米技术在医学上的应用为例，纳米技术在医学上的应用是目前纳米技术研究的热点之一。

科学家很早就设想过一种能够杀死癌细胞的超级生物导弹。今天，正在研究一种专门针对癌细胞的超细纳米药物，能将抗肿瘤药物连接在磁性超微粒子上，定向“射”到癌细胞上，把它们“全歼”。

纳米粒子包裹着智能药物，它们进入人体主动搜索并攻击伤痛细胞或修补损伤组织。在人工器官移植后，在人工器官外面涂上纳米粒子，就可以预防器官移植的排异反应。

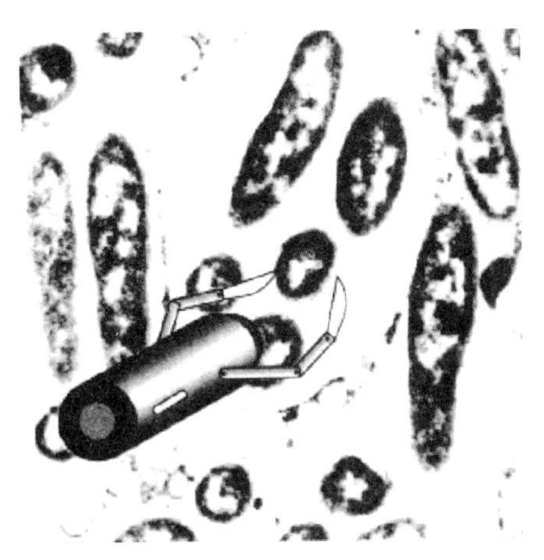

纳米机器人在人体内部治疗

使用纳米技术的新型诊断仪器，只需检测少量血液，就能从血液中的蛋白质和DNA诊断出各种疾病。用纳米材料制成独特的“纳米膜”，能过滤或筛去药剂中的有害成分，消除因药剂产生的污染。

在抗癌治疗中，将一些极其微小的氧化铁纳米颗粒，注入患者的肿瘤里，然后将患者置于磁场中，使患者肿瘤里的氧化铁纳米颗粒的温度升高到45～47摄氏度，这样的温度足以烧毁肿瘤细胞，而周围健康组织不会受伤害。

科学家认为，未来的纳米级机器人可以进入人体内部，清除人体中的一切有害物质，激活细胞能量，使人不仅保持健康，而且延长寿命。

纳米碳管

纳米碳管是一种很神奇的材料。它非常坚固，强度比钢要高100倍，有着特别强的导电性能，重量极轻，只有钢的1/6。它们非常微小，50 000个并排起来也只有一根头发丝那么宽。

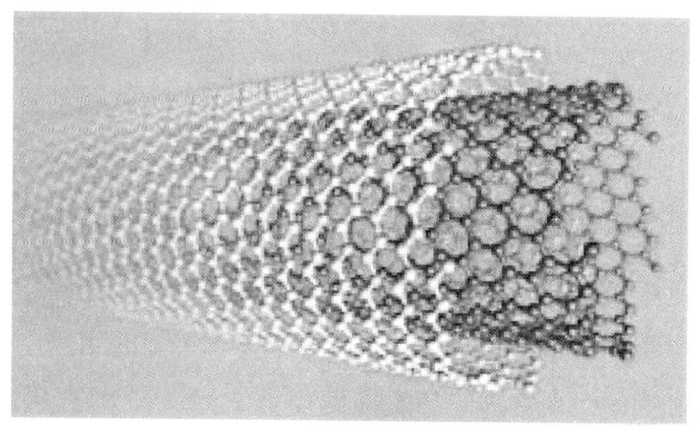

纳米碳管示意图

1991年，科学家第一次发现了纳米碳管，它是由石墨碳原子卷曲而成的碳管，管子的直径一般在几纳米到几十纳米，管壁的厚度也仅有几纳米。看上去像铁丝网卷成的一个空心圆柱状“笼形管”。

1992年，科学家进一步发现碳纳米管会因为管壁曲卷结构不同而呈现出半导体或良导体的特异导电性；1996年，我国科学家实现碳纳米管大面积定向生长；1999年，韩国的研究人员制造出来碳纳米管彩色显示器；2000年，日本科学家制成高亮度的碳纳米管场发射显示器。

近年来，中国科学家不仅合成出世界上最长的碳纳米管，而且成功研制出了具备良好储氢性能的碳纳米管和碳纳米管显示器，并进一步研制发光器件。

氢气被很多人视为未来的清洁能源。但是氢气本身密度太低，压缩成液体储存十分不方便，且有安全隐患。碳纳米管具有中空的结构，自身很轻，可作为储氢的“容器”，储氢密度甚至比液态或固态氢的密度还高。适当加热，氢气就可以缓慢释放出来。

在碳纳米管的内部也可以填充金属或氧化物。这样的碳纳米管可以作模具用，先用金属物质灌满碳纳米管，再把碳层腐蚀掉，就可制备出最细的纳米尺度的导线。有些碳纳米管本身还可作为纳米尺度的导线。这样利用碳纳米管或制备的微型导线可置于硅芯片上，用来生产更加复杂的电路。

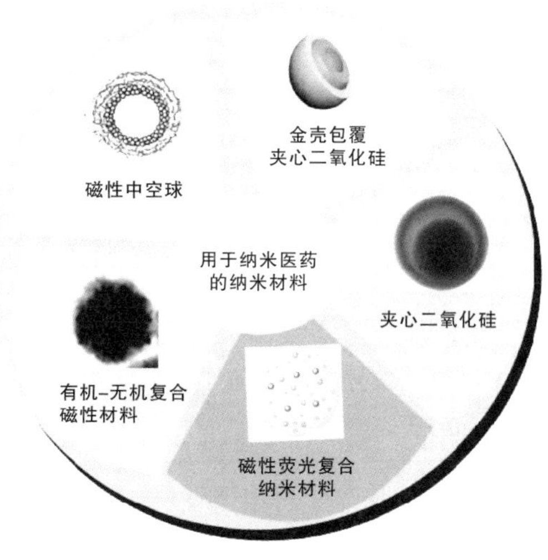

已经投入市场的纳米材料

利用碳纳米管的性质还可以制出很多性能优异的复合材料，如用碳纳米管材料增强塑料的力学性能，使其导电性好，耐腐蚀。碳纳米管上极小的微粒可以引起碳纳米管在电流中的摆动频率发生变化，1999 年，巴西和美国科学家发明了精度在 10^{-17} 千克精度的“纳米秤”，能称量单个病毒的质量。德国科学家还研制出能称量单个原子的“纳米秤”。

需要说明的是，关于纳米技术和纳米材料的研究还远没有达到我们希望或者想象的程度。在很多地方，纳米话题中还有人为炒作的成分。因为商家的炒作，使得纳米技术变得神奇化、妖魔化。所以，纳米专家很忧虑地指出，商家的盲目炒作纳米概念不仅不会加速纳米时代的到来了，相反会阻碍纳米技术的发展。

●千奇百怪的战场“精灵”

纳米材料是目前一种很重要的新型材料，纳米技术更是当前的尖端技术，这为军事科技工作者研制纳米武器奠定了坚实的基础。他们发挥自己的聪明才智和想象力，构想出了千奇百怪的战场“精灵”。

新型的、超强的、重量轻的纳米机器人能在太空旅行，并使成本变得更加低廉，可行性也更强。人类甚至可以利用纳米技术在土星上营造与地球相似的大气层。

“麻雀卫星”比麻雀略大，它的部件都是用纳米材料制作。一枚小型火箭一次就能发射数百颗纳米卫星。若在太阳同步轨道上等间隔地布置648颗功能不同的纳米卫星，可保证在任何时刻对地球上任何一点进行连续监视，即使少数卫星失灵，整个卫星网络的工作也不会受到影响。

纳米器件可以大大提高武器控制系统中的信息传输、存储和处理能力，而由此制造出的新型智能化微型导航系统，可使制导武器的隐蔽性、机动性和生存能力发生更大的飞跃，如利用纳米技术制造的形如蚊子的微型导弹（“蚊子导弹”）。纳米导弹直接受电波遥控，可以神不知鬼不觉地潜入目标内部，其威力足以炸毁敌方火炮、坦克、飞机、指挥部和弹药库，可以起到神奇的战斗效能。

蚊子导弹

苍蝇飞机

“苍蝇飞机”是一种如同苍蝇般大小的袖珍飞行器，可携带各种探测设备，具有信息处理、导航和通信作用。把这种飞行器秘密部署到敌方信息系统和武器系统的内部或附近，可严密监视敌方情况。这些“纳米飞机”还可以悬停和飞行，敌方雷达尚不能发现它们。

“蚂蚁士兵”也是一种通过声波控制的微型机器人。这些机器人比蚂蚁还要小，但具有惊人的破坏力。如钻进敌方武器装备中，长期潜伏着。一旦启用，“纳米士兵”就各司其职：有的专门破坏敌方电子设备，使其短路或毁坏；有的充当爆破手，用特种炸药引爆目标；有的施放各种化学制剂，使敌方金属变脆和油料凝结或使敌方人员神经麻痹，并失去战斗力。

此外，“纳米装备”还有被称为“间谍草”或“沙粒坐探”的形形色色的微型传感器。所有这些纳米武器组配起来，就建成了一支独特的“微型军”。

神奇的 GMR 效应

瑞典皇家科学院 2007 年 10 月 9 日宣布，法国科学家阿尔贝·费尔和德国科学家彼得·格林贝格尔共同获得 2007 年诺贝尔物理学奖。这两名科学家获奖的原因是先后独立发现了“巨磁电阻”（Giant Magneto Resistance，GMR），也被称为效应。GMR 效应，是指磁性材料的电阻率在有外磁场作用时较之无外磁场作用时存在巨大变化的

GMR 效应发现者

现象。根据这一效应开发的小型大容量计算机硬盘已得到广泛应用。瑞典皇家科学院的颁奖人员指出，2007 年的诺贝尔物理学奖主要奖励“用于读取硬盘数据的技术，得益于这项技术，硬盘在近年来迅速变得越来越小”。这项技术被认为是“前途广阔的纳米技术领域的首批实际应用之一”。20 多年来，“巨磁电阻”效应这一重大发现在笔记本电脑和音乐播放器等所安装的越来越小的硬盘中可存储海量信息。

说到 GMR 或 MR，就要回到 20 世纪 50 年代中期。

1956 年 9 月，IBM 的一个工程小组向世界展示了第一台磁盘存储系统 IBM 350RAMAC，其磁头可以直接移动到盘片上的任何一块存储区域，从而成功地实现了随机存储，这套系统的总容量只有 5MB，共使用了 50 个直径为 24 英寸的磁盘，这些盘片表面涂有一层磁性物质，它们被叠起来固定在一起，绕着同一个轴旋转。1979 年，IBM 发明了薄膜磁头，为进一步减小硬盘体积、增大容量、提高读写速度提供了可能。80 年代末期 IBM 对硬盘发展的又一项重大贡献，即发明了 MR 磁阻，这种磁头在读取数据时对信号变化相当敏感，使得盘片的存储密度能够比以往 20MB 每英寸（合 2.54 厘米）提高了数十倍。

1991 年 IBM 生产的 3.5 英寸（合 8.89 厘米）的硬盘使用了 MR 磁头，使硬盘的容量首次达到了 1GB，从此硬盘容量开始进入了 GB 数量级。1999 年 9 月 7 日，Maxtor 宣布了首块单碟容量高达 10.2GB 的 ATA 硬盘，从而把硬盘的容量引入了一个新的里程碑。

GMR 磁头与磁电阻（MR）磁头一样，它们都是利用材料的电阻值随磁场变化的原理来读取盘片上的数据，但 GMR 磁头使用了 MR 效应更好的材料和多层薄膜结构，比 MR 磁头更为敏感，相同的磁场变化能引起更大的电阻值变化，从而可以实现更高的存储密度。目前 GMR 磁头已经大量推广，成为最流行的磁头技术。

费尔和格林贝格尔曾说到他们 1988 年的研究工作，他们各自独立发现了一个特殊现象。以非常弱小的磁性变化就可以导致磁性材料发生非常显著的电阻变化。当时，法国的费尔在铁与铬相间的多层膜电阻测量中发现，微弱的磁场变化可以导致电阻大小的急剧变化，变化的幅度要高出十余倍，他把这种效应命名为“GMR 效应”。其实，在此前 3 个月，德国优利希研究中心格林贝格尔领导的研究小组在具有层间反平行磁化的铁、铬、铁 3 层膜结构中也发现了完全同样的现象。

可见，GMR 效应是指磁性材料的电阻率在有外磁场作用时与无外磁场作用时相比，材料产生了极大的变化。GMR 效应产生于新型的磁性薄膜结构。具体地看，这种结构是由铁磁材料和非铁磁材料薄层交替叠合而成。上下两层为铁磁材料，中间夹层是非铁磁材料。铁磁材料磁矩的方向是由加到材料的外磁场控制的，因而较小的磁场也可以得到较大电阻变化的材料。

计算机硬盘是利用磁介质来存储信息的。硬盘内部包含若干个磁盘片，磁盘片的每一面都被划分成多个磁道，这些磁道以转轴为轴心、以一定的磁密度为间隔每个磁道又被划分为若干个扇区。磁盘片上的磁涂层是由数量众多的、体积极为细小的磁颗粒（“磁畴”）组成，若干个磁颗粒组成一个记录单元信息，记成0或1。磁盘片的每个磁盘面都相应有一个磁头。当磁头“扫描”磁盘面的各个区域时，各个区域中记录的不同磁信号就被转换成电信号，电信号的变化可表示为“0”和“1”。这是所有信息的原始译码。最早的磁头是采用锰铁磁体制成的，磁头通过电磁感应的方式读写数据。由于信息技术发展对存储容量的要求越来越高，原来的磁头难以满足实际需求。这种磁头的磁致电阻变化仅为1%～2%，读取数据要求较强的磁场，这使磁道的密度不能太大。当容量不断变大时，势必要求磁盘上每一个被划分出来的区域越来越小，这些区域所记录的磁信号会越来越弱。

1997年，全球首个基于GMR效应的读出磁头问世。借助GMR效应，人们制造出如此灵敏的磁头，能够清晰读出较弱的磁信号，并且转换成清晰的电流变化。新式磁头的出现引发了硬盘的“大容量、小型化”革命。

从磁头技术的发展来看，电磁感应式磁头是硬盘诞生时就开始使用的磁头，并且它是一种读写合一的磁头。还有磁致电阻磁头，它是基于“MR效应”。磁性材料的MR效应和半导体材料的MR效应都有应用，硬盘中的MR磁头是基于磁性（铁磁）材料的MR效应。

第三种是巨大磁致电阻磁头。GMR效应可分为基于半导体氧化物的GMR效应和基于多层金属膜的GMR效应。硬盘中的GMR磁头属于多层金属膜的GMR效应。

磁头作为整个硬盘中技术含量最高的部件，其灵敏度基本上就决定了硬盘的存储密度。纵观磁头技术的发展史，每一次磁头技术的飞跃都来自于新的电磁效应的发现和应用，值得一提的是，这 3 种电磁效应最初都是由 IBM 公司将其引入商业硬盘领域的。在 1993 年，比 GMR 效应更强的“庞大磁致电阻”效应就已经被发现了，其 MR 变化率大于 99%。所以说，在可以预见的未来，硬盘的存储密度仍然会保持飞速的增长，其应用的物理效应也会越来越微观，越来越复杂。

阿尔贝·费尔和彼得·格林贝格尔所发现的 GMR 效应造就了计算机硬盘存储密度提高几十倍的奇迹。单以读出磁头为例，1994 年，IBM 公司研制成功了 GMR 效应的读出磁头，将磁盘记录密度提高了 17 倍。1995 年，宣布制成每平方厘米 470MB 硬盘面密度所用的读出头，创下了世界纪录。目前，新一代硬盘读出磁头已把存储密度提高到 90GB/厘米^2，随着低电阻高信号的获得，存储密度达到了 180GB/厘米^2。

利用具有巨磁电阻效应的磁性纳米金属多层薄膜材料可制作巨磁电阻传感器，是通过半导体集成工艺制作而成。这种传感器具有体积小、灵敏度高、可靠性高和成本低等特点。

诺贝尔评委会主席佩尔·卡尔松用两张图片的对比说明了 GMR 的重大意义：一台 1954 年体积占满整间屋子的电脑，还有一个如今非常普通、手掌般大小的硬盘。正是这两位科学家的发现，单位面积介质存储的信息量得以大幅度提升，小型大容量硬盘也得到广泛的应用。

从 1998 年开始，GMR 磁头被大量应用于硬盘当中。但是，这项重要的技术发展到现在也已经接近了极限，硬盘容量的提升必须寻求新的技术。目前开发的下一代技术是“垂直磁记录”技术。“记录位”的 S/N 两极的连线垂直于盘片，而在此之前的技术都属于“水平磁记录”技术。当硬盘向垂直磁记录技术转变时，GMR 磁头也将会同时更换为“隧道 MR 磁头”。

电磁现象是一个人们非常熟知的现象，从远古时期“琥珀电”的发现和司南的发明，人类积累了大量有关电与磁的知识，也许还会发展出更多的知识，开发出更多的电磁产品，以满足人类的多种需求。

七、玻璃、陶瓷和塑料的神奇

利用传统的黏土材料开发出各种陶器，人类已经使用上千年了。玻璃是一种重要的建筑材料，至今在广泛地应用着，甚至在建筑外也用得很多，如汽车玻璃，更加重要的是，玻璃在光通信技术中扮演着极其重要的角色。塑料也是如此，作为一种重要的高分子材料，如果从体积来表现它的产量，绝对是世界第一了，塑料为人类社会的发展发挥了巨大的作用。不过，人们在使用这些材料时也在不断地提出新的要求，而为了满足这些不断提出的、有些还是很苛刻的要求，科技人员在进行不懈研究的同时，还在开拓新的领域，扩大他们的研究范围，并且深化着对这些材料的认识。

玻璃发明的传说

在地中海周边流传着一个关于玻璃发明的故事。

在古代，腓尼基人承担着环地中海的商贸业务，有一大批人从事航运工作。据说，一艘航船遇到了风暴，就进入一个避风港。水手们要在沙滩上支起炉灶，准备做饭。由于找不到合适的石块，他们就从船上搬下一些块状的苏打来支灶。吃过饭就睡觉，直到第二天早上，在起锚之前，他们把这些苏打块搬回船上。在搬动苏打块时，他们发现，在这些苏打块的下面有一些亮晶晶的小块。这些就是玻璃块。这是由于海滩上的沙粒与苏打产生化学反应之后形成的。

其实，早在人类出现以前，大型陨石撞击地球表面时，会形成巨大的压力，使沙岩的温度急剧升高，并使沙岩变成晶莹的玻璃。也许是司空见惯，最初并未引起古人的注意。大约在5000多年前，人们才发明了玻璃制作技术；也恰好在这时，人类从蒙昧时代进入文明的时代。从历史的记载中，文明肇兴的年代，玻璃是古埃及的陶器匠人发明的。他们在5500年前曾发现，苏打与沙粒在炉中可烧制出玻璃。到2000年前，古罗马人发明了新的技术，他们用吹管吹制玻璃，可以加工出各种形状的玻璃制品。

玻璃的发明大大丰富了人类的生活，特别是建筑上使用的玻璃，除了门窗应用玻璃的透光性，彩色玻璃技术也使玻璃的装饰性非常突出。然而，从17世纪开始，由于显微镜和望远镜的发明，人们对优质玻璃的需求更加强烈了。到19世纪末，德国物理学家和玻璃制造专家一起，他们经过上千次的试验，不断改进生产技术，提高玻璃的光学性能，研制出玻璃的新品种，以满足望远镜、摄像机和照相机的发展。到20世纪60年代，由于激光器和通信光纤的发明，玻璃不但用于制作激光管的管壁，还用于光纤。这大大扩展了玻璃的用途。

●防盗技术中的玻璃

玻璃首先是重要的和基本的建筑材料之一，那明亮的玻璃门窗是最为普通的构件了。随着工业的发展，许多新的设备被开发出来，其中像卡车驾驶室的玻璃窗，私人小汽车的玻璃窗使用玻璃就更多了，还有电视机的显像管，等等。在实验室中，人们看到各种玻璃仪器也多得数不胜数了。然而，玻璃器件都有一个缺陷，即玻璃的脆性。这种脆性不仅对器件的安全不利，也可能会对人身带来危险。为此，研究人员研制出各种新型玻璃，以增加其安全性，进而提高仪器的可靠性。

最早对脆性玻璃进行改进的是一位英国的玻璃厂厂长。这件事发生在 19 世纪下半叶，距今已有 100 多年了。这是一位名叫吉姆斯·牛敦的绅士。

牛敦厂长喜欢建筑中的玻璃构件。他建了一座别墅。这座别墅很现代，最突出的特点是，牛敦厂长使用了大量的玻璃。由于别墅的采光很好，用牛敦的话说，室内充满了阳光。

不过，玻璃性脆的缺陷很快就显示出来了，而且这个缺陷还被小偷利用了。看样子，小偷也喜欢这种玻璃房。在一个夜晚，小偷们光顾了牛敦的别墅。他们爬上阳台，用金刚钻划开了玻璃门，手从打开的孔中伸进去，拨开插销，所以他们轻易地就进入了房中，并把财物洗劫一空。

财物被盗窃，使牛敦非常懊恼。他认为，小偷之所以能轻易地进入房中，问题都出在玻璃上。如果换上铁制大门就不会发生这样的事了。不过，铁门是不能透过阳光的。由于牛敦是玻璃厂长，能不能研制出一种既能透光，又能像铁一样坚硬的玻璃，小偷就不能在门面上轻易开口子了。

牛敦提出了一些方案，但都被否决了。他只得去请教专家。玻璃技术专家经过试验和思考，为了增强玻璃的强度，应在玻璃中添加一些“筋”。他们事先制作了一个金属网，而后加温玻璃，玻璃变软后，把金属网嵌入到玻璃之中。这种网格可编织成六角形网格或方形网格。这样，牛敦组织专家研制成功最初的夹丝玻璃。夹丝玻璃弥补了玻璃的缺陷。当玻璃受到较大的冲击时，夹丝玻璃破碎是难以避免的，但玻璃的碎片仍未能脱落。这种夹丝玻璃的安全性很快就被人们接受了，所以这种夹丝玻璃就是最早的安全玻璃。

现代的安全玻璃，其技术指标就更高了。其实，在今天的一些公共空间（如博物馆、图书馆、大会堂和大型商场等）有两个要求很高。一个是报警装置，另一个是防盗装置。但是，在实际使用的装置中，许多装置是将这二者的技术结合起来，即设计新型的防盗的夹丝玻璃。这种夹丝玻璃中的金属网是看不见的，所以金属网并不影响玻璃的透明。由于是金属网，它可以导电，再把金属丝连接在自动报警装置上，窃贼若用金刚钻划开玻璃，他也无法取下玻璃，弄不好他还会触动报警装置。由此可见，这种装置的防盗效率是很高的。这种装置的结构并不复杂，可以在更广的范围内使用，除了存放文物的库房，在一般的民居中也可使用，以保护私人的珠宝、古玩和有价证券等，以及公司的图纸和合同等。

神奇的防弹玻璃

在国家领导人的活动中，有一些人会把他们当作袭击的目标。为此，除了要带保镖之外，他们常常使用一些防弹的物品。在 1963 年，时任美国总统的肯尼迪在乘坐敞篷汽车外出时，遭到枪手的袭击，并被击中而去世。类似的事件还有一些。为此，汽车公司研制了各种防弹汽车。

在防弹汽车中，车身可以选用特殊的钢材，做到车身防弹并不难，难的是橡胶轮胎和挡风玻璃。

关于挡风玻璃的防弹性能，还要说到 100 年前的事情。当时，有一位名叫别涅迪克的化学家，他是法国人。在一次实验工作之后，他在打扫桌面和地面时，一不小心，他碰了一只玻璃瓶。玻璃瓶从桌面上跌落到地面。不过，值得庆幸的是，这只长颈的薄玻璃器皿并未摔碎，只是表面上呈现出了裂纹。

面对这样的现象，别涅迪克不像一般人，轻易地就把玻璃瓶扔掉了事。他深深地思考着，但是由于正在忙着别的事情，他只能暂时放下。不过，别涅迪克写下了一张纸条，并贴在玻璃瓶的表面。在纸条上，他写道："1903 年 11 月，这只烧瓶从 3 米半高的地方跌下来，拾起来就成了这个样子。"

几年过去了。一次，别涅迪克看报纸，他看到一条新闻。这条新闻说的是，一辆汽车不慎撞上了电线杆子，把前挡风玻璃撞碎了，碎片刮伤了司机和一些乘客。记者认为，是否应该研制出一种新型的玻璃。当这种玻璃受到打击，即使破碎了，也不会崩出碎片，以免伤人。

别涅迪克看了这个报导后，就陷入了深思，并且马上就想起了几年前的那个烧瓶。他拿出那只积满灰尘的烧瓶，一边仔细地擦拭着烧瓶，一边思考着裂而不碎的原因。

别涅迪克在认真观察之后，他发现，这个烧瓶曾经装过硝化纤维的溶液，在内壁上形成了一层胶膜。正是有这层胶膜，使烧瓶跌落不曾破碎。这时，他要研究的问题是，如何使胶膜与玻璃紧密结合。经过反复试验，别涅迪克得到一种新型玻璃。这就是一种“夹层玻璃”。

今天的防弹玻璃一般制作成 3 层。外表（两）层为玻璃，中间层为弹性的透明材料（如聚乙烯醇缩丁醛），这些透明材料可使玻璃结合起来。为了强化玻璃的防破碎效果，增加层数，如 5 层，在 3 层玻璃中夹两层透明的弹性材料。这样的材料在玻璃破碎时不会崩起碎片。

这种新型的玻璃不仅可以防止碎片崩起来，如果稍加改进，如使内衬的金属丝通电发热，还可使玻璃表面的结霜迅速化解。在坦克的瞭望口安装这种玻璃，这种玻璃窗口（瞭望孔）就不易被子弹击穿；若被击穿的话，也不会崩出碎片，只会出现一些裂纹。所以，人们也把这种夹层玻璃称为“防弹玻璃”或“不碎玻璃”。这种玻璃还在不断改进中，如 20 世纪 70 年代，英国专家开发出一种新型的材料。他们用钛金属薄片制成夹层玻璃，它具有很高的抗冲击能力，耐高温的性质也很好。

夹层玻璃用的玻璃，玻璃的强度并不是很高，它的高强度来源于夹层中的金属。为了使玻璃强度得到提高，这需要一些处理（这种处理的技术有些像钢铁的“淬火”）。先按要求裁制玻璃的形状，而后加热到较高的温度；再吹过风，使玻璃迅速冷却。由于玻璃的表层猛烈且均匀地收缩，这使玻璃表面均匀地布满一种压缩的“应力”。所谓“应力”，就是在物体受到外部作用而变形时，使物体内部的任何一个截面（在单位面积上）受到相互作用力。当玻璃受到外力时，这种压缩应力可抵消一部分外力。这就是说，玻璃的强度得以提高。这样处理的玻璃就是“钢化玻璃”。

钢化玻璃的强度的确提高了许多，但它也有缺陷，即一旦制成，就不能进行裁切。如果裁切，钢化玻璃就要破碎。由于钢化玻璃一旦受到较大的力，导致破碎，而破碎的碎片都是没有棱角的，不会伤人。因此，今天的汽车挡风玻璃、商店的门窗玻璃和大型吊灯使用的玻璃，都要用钢化玻璃。可见这些应用都是出于安全的考虑，所以就把钢化玻璃也称为“安全玻璃”。正是由于钢化玻璃的安全性，这种玻璃被迅速地普及开来，甚至有些水杯和写字桌上铺的玻璃板也采用钢化玻璃。

应用在建筑上的玻璃除了钢化玻璃之外，还有一种重要的、（现在也）常见的玻璃制品，即高层建筑的外墙玻璃；由于是大面积的使用玻璃，所以它们的外墙也被称为玻璃幕墙。这显然也是一种建筑的装潢手段。

玻璃幕墙使用的是一种镜面玻璃。这种玻璃也是一种钢化玻璃，只是在玻璃表面涂有一层极薄的金属薄膜或金属氧化物薄膜。

这种玻璃实际上是一种中空玻璃。它是一种镜面玻璃与普通玻璃的组合，分两层或三层两种。两层的玻璃要加密封的框架，形成一个夹层空间，而3层的玻璃有两个夹层。这种中空的玻璃既可以隔音和隔热，又可以防潮、防结霜和抗风压，等等。这种玻璃可以反射掉90%的阳光，所以当阳光通过玻璃透射到人身上，人是不会感到炎热的。

玻璃幕墙被采用已经近百年了，并得到大量应用，不过它也有缺陷，这就是在道路上的行人会感到墙面的强反射光，尤其使路过此地的司机会感到目眩，对行车安全稍有不利。

大显身手的微晶玻璃

玻璃是最常用的日常用品。除了玻璃门窗之外，家庭的许多陈设都爱用玻璃制品，如老式座钟的面板，写字台往往在桌面上铺着一块玻璃板，玻璃镜子，电灯泡，形状各异的玻璃器皿（特别是水具），等等。玻璃不仅透明，还被加工成各种造型。

在玻璃器具的表面或内部，有时会散布着一些讨厌的小粒子，有时会多得可以布满器物的表面，使玻璃变得不透明。这种不透明现象被称为“玻璃析晶”。这种现象完全破坏了玻璃那透澈的特性。不过也有例外。

1953年，在美国著名的玻璃生产企业康宁公司的研发中心，有一位化学家，他叫斯托凯。他当时正在进行玻璃热处理的工作。有一次，在试验时，他把一种含有银离子的玻璃放入电炉中进行处理。他把温度调到600摄氏度。由于是自动加热，他就开会去了。会后他回到了实验室。没想到，这个电炉出了故障，温度一下子到了900摄氏度。遭了，这回的试验算是白干了。他想象着，电炉内一定有一摊软软的、像糖稀一样的东西，还粘连在电炉内。他拿起钳子，打开炉门，看到的是，那块玻璃好像没有什么变化。他用钳子把玻璃块夹起来，一滑，还是掉在了地上。不过很幸运，玻璃块并没有被打碎，还发出了清脆的金属响声。

虽是事出偶然，但也一定是事出有因。

斯托凯想要搞出些名堂。他又进行了多次试验。他发现，经过热处理的玻璃，在玻璃内部会出现大量微小的结晶，但也有一部分玻璃物质。由于这些微小的晶体，人们便把这种玻璃称为“微晶玻璃”。

“微晶玻璃”的结构发生了很大的变化，所以它的一些物质也发生了很大的变化。例如，当温度升到1000摄氏度以上时，“微晶玻璃”也不会受到影响；“微晶玻璃”的强度也获得了极大的提高，它的电阻率也高了许多。

由于“微晶玻璃”的性能有了极大的改善，人们不断开发出新型的“微晶玻璃”。据说已经超过了千种。“微晶玻璃”要使用一些化学元素，这也超过了60种。

“微晶玻璃”的硬度和强度都很高，甚至超过了一些钢的品种，但是“微晶玻璃”的密度却比钢要低得多，与铝的密度差不多，它的耐热性、电绝缘性和抗震性都是很好的。

由于“微晶玻璃”良好的性能，它的用途越来越广泛。例如，在电子工业中，“微晶玻璃”可用于印刷电路板。在导弹头部的锥形防护罩要求很高的耐冷热冲击、耐高温、耐高强气流的冲击，甚至要耐高速雨滴的侵蚀，而这恰好是“微晶玻璃”大显身手的场合。在制造大型天文望远镜时，“微晶玻璃”已是最好的选择之一。应该说，随着“微晶玻璃”的不断发展，一定还会有性能更加优良的产品被开发出来，也会有更多的和更广泛的用途。

钕玻璃激光器

说到激光器，可以说是种类繁多，其中有一种玻璃激光器，它的结构并不复杂，主要由钕玻璃和氙灯组成。所谓的钕玻璃是玻璃中加入少量的氧化钕。钕是一种稀土元素。它是利用谱线分析的方法发现的。在1885年，奥地利化学家威斯巴赫（1858～1929）分离出一些“土”。他从中分离出两种：一种是淡紫色的土，一种黑褐色的土。前者被命名为钕土，后者被命名为镨土。不过有些人对此是有怀疑的。威斯巴赫的老师是本生，本生对此不疑，因为这两种“土”具有不同的谱线。所以，后来就把这两种元素分别命名为钕（Nd）和镨（Pr）。这是由于它们对应着的盐具有不同的颜色，即钕盐是红色的，镨盐是绿色的。

激光器有一个（光学）谐振腔。氙灯是一个激励装置。钕玻璃是激光器中的工作物质，是激光器的心脏。钕玻璃起什么作用呢？

在钕玻璃中有少量的氧化钕，钕离子被称为“激活离子”。钕玻璃激光器就是由这些钕离子产生的。在此顺便讲一些激光原理的知识。

说起激光这个词，“激光”是中文的写法，它是著名的科学家钱学森起的。最初人们译成“莱塞”，港澳地区还译成“镭射”。这是由于激光的英文写法是 Light Amplification by Stimulated Emission of Radiation，意思是“由受激发射的光放大产生的辐射”。写成缩写就是 LASER。这也就是最初译成“莱塞”或“镭射”的原因了。大陆通行激光的译法，主要取的是“受激发射的光”的意思。应该说，这个译法是很贴切的。

用钕玻璃作为工作物质的激光器，它的工作原理是：氙灯发出普通的光，但很强。光线照射到钕玻璃之中，钕离子吸收了这些光线，并使钕离子处在较高的能量状态（或称为“能级”）。处在高能量（即高能级）状态的钕离子并不稳定；这些钕离子回复到一个特殊的状态，并把这个状态称为“亚稳态”。在这样的“亚稳态”下，钕离子越来越多，数量大大超过了处在能量较低状态下的钕离子数。由于“亚稳态”并不稳定，当受到某种辐射的作用，处在“亚稳态”的钕离子就会在同一时间一起回复到能量较低的状态，从而把多余的能量以光子的形态释放出去。这就是激光。

钕离子激光器的功率并不大，如果用于军事上，用这样的激光束直接打击目标并没有多大的作用。一般来说，在使用这种激光器时，是将它发射的激光束照射到目标（如飞机或坦克等）上，反射回来的激光被接收到后，经过电子计算机运算，将锁定的目标的方位和距离确定，以控制导弹的飞行，使之能准确地打击目标。由于激光器和计算机的有机结合，大大提高了导弹的命中率，甚至是百发百中。

由于激光技术的发展，使玻璃又焕发了青春。

光导纤维的神通

光导纤维（简称“光纤”）是20世纪非常重要的发明，它的应用范围较为广泛，特别是在光通信技术的领域。

“光导”现象并非罕见。据说，在小学的科学课中，有一个演示实验。在演示前，老师准备一个玻璃容器，在接近底部的侧壁打一个小孔，让水从小孔中流出。由于水有一定的深度，水流呈现（平抛的）抛物线形状的“流管”。用手电筒照射，但是要使照射光形成为一个细束，细细的光束通过水体，照射到出水的小孔。观察者可以看到，光束并不是从水流管穿出，而是被水流“约束”在“流管”之中。实验者可以清楚地看到，光束在“流管”中不断反射，随着水流行进。当然，要想使这束光在水的“流管”中行进，必须使水对光的折射率大于空气对光的折射率。

也许，这种“光导”现象的知识并不深，因为这只涉及几何光学中的折射和（全）反射的知识。其实，这个实验是19世纪下半叶时，英国物理学家最先进行的。当时，人们看到这个现象觉得很好玩，好像都没去想这有什么用处。不过，还是有人利用这个原理发明了内窥镜装置。

内窥镜传导光的器件是一束光导纤维。它一头连接胃镜，一头连接着接收装置。当患者把胃镜吞入胃中，胃镜要将外部的光通过光导纤维传入胃中，用以照亮胃壁。胃镜这一端还有一个很小的镜头，它可以把胃壁的情况传输到体外，显示在屏幕上。胃镜还可以携带一个小镊子，以切取少许物质，用以化验。

内窥镜除了胃镜之外，还有食道镜和膀胱镜等。

除了医学（特别是临床上）的应用之外，光导纤维在光通信上的应用就更加引人注目了。

光导纤维在传输信号时，要防止传输的光信号“外泄”，通常要用两种玻璃材料。其中芯线用一种玻璃材料，芯线的包层用另一种玻璃材料；芯线材料的光折射率要大于包层的玻璃材料的光折射率。只有这样制作，才能保证光信号在光纤中传输时不“外泄”，并保证光信号在光纤中行进，就像光线在“水流管”中行进一样。

从技术上讲，光信号在光纤中传输，最为受到关注的是，光的损耗。如果光的损耗太大，光信号会传输得不远，或者要加若干个对信号进行放大的中继站。也正是基于这样的顾虑，在20世纪60年代，英国的华裔光学专家高锟经过研究，他论证的结果是，玻璃纤维可以传输光信号。他也因此获得2010年诺贝尔物理奖。此后经过10余年间的研制工作，科技人员就可以在实验室内实现光信号的传输，并且，在 80 年代，电信公司就开始铺设跨越大西洋的光缆。这条光缆的长度为 7000 千米。不久后，又开始铺设跨越太平洋的光缆。（南）太平洋的光缆长度为 16 000 千米。

在实现光通信时，光导纤维的制作方法也是关键。这里只介绍一种制作方法——管棒法。

这种方法比较简单，把折射率较小的玻璃做成管状，把折射率较大的玻璃做成棒状。而后将二者一起放入电炉中加热，在高温熔融的状态下，把它们拉成内外两层的玻璃纤维。

关于光导纤维，我们可以在媒体上看到两种光导纤维："单模"的光导纤维和"多模"的光导纤维。这里的"模"是传导光线路径的意思。一般来说，"单模"光纤很细，芯线的直径不到 10 微米，其外径约为 125 微米，只有一束光线沿着芯线的中心传输。而"多模"光纤要粗一些，芯线的直径达 50 微米，外径也是 125 微米，光线能在光纤中沿着多条路径传输。

光纤通信是利用激光在光纤中传输信息的有线通信方式。这种技术比以前所使用的通信技术有很多优点。

首先，光纤通信的容量是巨大的。只需一根像头发丝粗细的光纤就足以传输几万路电话信号或 2000 路电视信号。

其次，光纤通信的可靠性很好，保密性也很好，而且不受电磁干扰。

第三，光纤的特点是重量轻，传输信号的速度快、密度大，如长为 1000 米的"单模"光纤，重约 27 千克。

另外，光纤通信的损耗很低。当传送波长为 1.55 微米的激光时，每 1000 米，光的能量损耗不到 0.2 分贝。因此，光通信技术非常适宜于远距离的信息传输。

采用光纤通信，可将声音或图像的信息通过电话机或电视摄像机变成电信号，通过光学调制机用激光光源进行调制。这就把电信号变成光信号，再由光导纤维传输。在光纤的另一端为接收器。当接收到光信号时，要把光信号还原成电信号，再传输到电话机或电视机，重现成话音或图像。

随着技术的发展，可以省略电信号，直接将话音或图像变成光信号，经激光调制、光纤传输，再经解调，变成原来的话音或图像。如果电还有用处的话，那只是提供能量而已。

由于光通信技术取代电通信技术，相应地，电话、电报、电视、电传就会变成“光话”“光报”“光视”“光传”等，人类就会真正进入光通信的时代。

高锟的创造

说到光通信，高锟的功绩是不可磨灭的。

1933 年，高锟出生于上海。他的祖父高吹万是清末民初时期“南社”著名文人，堂叔父高君平为知名天文学家，父亲高君湘是留美返沪的大律师。高锟自小就喜欢自制灭火筒、烟花和相纸，甚至还制作“泥炸弹”。1948 年，高家举家迁往香港。在香港读书期间，高锟报考大学的电机工程专业，毕业后赴英留学。1957 年，高锟取得伦敦大学电子工程理学学士学位，并被国际电话电报公司录用。

1960 年，高锟进入国际电话电报公司设于英国的研究机构——标准通信实验室。当时年仅 27 岁的高锟主要研究和发展微波传送系统。高锟适逢其时地抓住了全球通信科技的机遇。1966 年 7 月，33 岁的高锟发表论文——《光频率介质纤维表面波导》，这个日子被象征性地定为光纤通信的诞生日。在文中，他提出了“以玻璃取代铜线传输讯号”的大胆构想。不久，世界上第一条光通信用的玻璃纤维诞生。如今的手机通信、国际电话、有线电视以及互联网传输工作，都要“借道”光缆。一条比头发丝更纤细的光纤代替了体积庞大的千百万条铜丝，它的传送容量比传统技术高出上万倍。

由于当时研制光纤材料的进展太慢，在低温熔炉中制造玻璃时，玻璃中的杂质很难控制，光在玻璃光纤中总会有较大的损耗。不过，利用新的方法可在石英管中制做出纤芯。

在国际电话电报公司工作的头十年，高锟晋升到一个研究部门的负责人。所幸的是，标准通信实验室的领导对高锟的研究目标极其重视。1983 年，国际电话电报公司任命高锟为首席科学总裁。公司对高锟的要求是，“做你认为对国际电话电报公司有重要意义的任何事情”。当年，国际电话电报公司还给高锟制作了一张公关宣传海报。海报的背景是一片树林，高锟坐在一棵树下悠闲地看书；海报下方还有一行字，“我们给他资金和时间，让他创造更好的未来”。

1987 年，高锟出任香港中文大学第三任校长。他每年的长假就是充分与美国贝尔实验室的科学家合作。

“当时，同类的研究似乎不多，所以，论文并没有在通信领域引起太大反应。”高锟后来在自传中回忆自己当时孤军奋战的处境，“我想，我们要将论文要点直接提交给有兴趣的公司，以说明这种革命性通信方法，这才可能说服他们加入我们的行列。”

光纤的好处是成本低，具有重量轻和高耐受力的特性，并且不会泄露光信息，保密性好，还环保。

研究如何实行“光通信”基础理论时，高锟遇到的主要难题是：怎样除掉玻璃所含的铁离子？因为铁离子吸收光线，并使光发生散射，使光通信难以实现。后来，他发现一种叫“熔凝石英”的玻璃提炼过程，能提炼出“无杂质”玻璃。

当时，无人相信世上会存在无杂质玻璃，高锟到处宣传他的理念，为此他远赴日本、德国和美国（贝尔实验室）。最终在美国康宁玻璃公司取得技术突破，高锟理论中提到的光纤得以诞生。

但因为光纤发明专利属于英国公司，催生了现代信息产业的高锟并未获得巨额财富。获诺贝尔奖当日，高锟夫妇亦表示，计划捐出部分奖金，资助香港圣雅各布福群会老人中心和美国阿兹海默症研究协会。1996 年，中国科学院紫金山天文台将一颗小行星命名为“高锟星”。

从尖底瓶到欹器

早在旧石器时代，人们已经开始运用各种天然材料，如石料，用它们打造出具有不同功能的石器。由于用火技术的不断发展，人们开始应用抟土的“游戏”，用黏土造出一些器物，而后用火烧。烧成的东西，有些可以当成玩具，有些可以作为生活中的用具，如纺线时使用的纺锤，织成的渔网中可配些网坠，盛水的盆、碗和瓶子等。这些东西既给人类生活带来了方便和乐趣，也为人类的生产提供了适宜的工具。这些东西既制作方便又应用广泛。

关于陶器的发明，早期的、生活在各地的古人都不约而同地想到了。世界各地的土著居民都发明了形状各异的陶器，在此介绍一件很有特色的器物——尖底瓶（或称为尖底罐）。

西安半坡遗址出土的尖底瓶

从外形上看，尖底瓶是一种对称的图形，如果我们有机会在博物馆里看到一些具有尖底样子的古老器物，与尖底瓶相比还是有些不同。主要的不同点是在它的“双耳”。由于是“耳”，它的位置通常就像人一样，位于颈部之上。但是，尖底瓶的“双耳”则位于鼓着的腹部（或腰部）双侧。

双耳的位置对尖底瓶的使用有影响吗？是有影响的。

由于尖底瓶是汲水用具，通常在两耳处都要各系上绳子。如果像普通的瓶子或罐子一样，两耳的位置比较高，装满水时，提走就行了。但是，尖底瓶的质心位置比较高，如尖底瓶的长度或高度是OA，在不装水时，尖底瓶的质心位置在B的位置。设OA为1，OB约为0.7。由于质心位置较高，手提着空瓶，尖底瓶略微有些歪。在运水时，往往都要把水装满瓶子。不过，当手提装满水的瓶子时，要小心翼翼，稍有干扰，瓶子就倾覆，水就洒出来了。如果有这方面的经验，应把水装到半满，在提水行走时，水就不会洒出来了，这是为什么呢？

我们知道，一个物体的质心越高，它就越不稳定。所以瓶子空着时，它就歪歪着；在装满水时，极易倾覆。不过，如果要装一半水时，瓶子的质心就会降低，位置大约在C处，在提起瓶子时就会变得较为稳定。

在周朝时，中国人使用一种名为欹（qī）器的装置，它的质心较高，所以就不太稳定，极易倾覆。据说，孔子经常带着学生去参观鲁庙。在鲁庙中就有欹器，孔子让学生看空的且歪的欹器，再让学生装水。当装满水时，欹器就倾覆，水也就洒出来了；如果装到半满时，欹器反而是稳定的。孔子还向学生讲到，空则欹，满则覆，中则正。意思是说，欹器是可装水的容器，空着时，歪歪着（欹），装满水就会倾覆，若装水既不满也不太少的中（间）状态，（欹器）则是“正”的。孔子是在告诫学生，不要装满（自满），也不要腹内（的学问）空空，做人要中正。

从传统陶瓷到先进陶瓷

关于陶器和瓷器，由于它们都是放在窑中烧制而成的器物，所以常常将二者并称——陶瓷。虽然可以并称，其实二者是有区别的。首先是选土，烧制陶器用普通黏土，烧制瓷器的主要成分是瓷土（如高岭土）。其次是，烧制陶器的温度较低，烧制瓷器的温度要高得多。比起陶器，瓷器的致密性较好。从历史的发展过程看，从烧制陶器到烧制瓷器的技术有了较大的发展，归结起来是3项。

首先是选择原材料，瓷器要选用含铝成分较高的瓷土。其次是改进窑炉，以提高窑温。最后是用釉。釉的主要成分是石英和长石等，这些釉被涂在瓷胚的表面，在烧制时，形成薄而硬的玻璃质薄层。

古代制瓷技术是中国人发明的。从原始瓷的出现，可以追溯到商代。当时的火温可达1200摄氏度以上。除了原始瓷，在商代的遗物中，人们还发现了用瓷土烧制的陶器，由于材料好，烧出的陶器很硬，因此被称为“硬陶”。

到了东汉，首先在浙江的绍兴和余姚一带出现了青瓷。这些窑就是著名的“越窑”。这些窑中烧制青瓷时的温度可达1300摄氏度。这些窑主要烧制的是一种上釉的青瓷，并且在几百年中是中国瓷器的主流产品，我们在各地的博物馆中可以看到从东汉到南北朝的瓷器，其中大都是青瓷。所谓“青瓷”，从成分上讲，是以铁着色剂为主的青釉瓷器。

由于瓷器的名气越来越大，不仅大江南北的瓷器变得越来越普及，而且还出现了新的品种——白瓷；到唐代，社会上形成了一种有趣的局面——“南青北白”。这就是说，在中国南方，以烧制青瓷为主，在北方则以烧制白瓷为主。不仅如此，瓷器的名声还传到了国外，以至于在西方，瓷器（china）成了中国的名称——China。

在古代，烧制瓷器的原料包括瓷石、长石、石英和黏土等，这都是一些非金属的天然矿物。由于烧制技术的不断提高，瓷器的种类和性能都得到长足的发展。到元明清的时代，江西景德镇成为中国的一个重要的瓷器生产和销售中心，使景德镇有“瓷都”的美称。

到20世纪30年代，传统瓷器的应用受到了一定的限制。除了一般的日用品制作，工业技术对瓷器的技术指标提出了一定的特殊要求。例如，电力输送线路对绝缘的性能要求，使瓷器要能耐高电压，要达到几百千伏。汽车发动机用的火花塞要求耐高电压，还要求耐高温和高气压。在制作大功率集成电路时也要使用陶瓷基片。像导弹和航天器技术的快速发展，对陶瓷产品也提出很高的要求，如耐受极高温和高强度的陶瓷等。

当然要看到，陶瓷的致命缺陷是脆。现代工程对陶瓷的脆性是排斥的。在许多情况下，可能要代之以金属材料。陶瓷还有一个缺陷，在高温下它要变软。这是为什么呢？原来在陶瓷中有一种所谓“玻璃相”的结构。我们知道，玻璃会随着温度的升高而变软。能否改变陶瓷的结构，特别是消除“玻璃相”的结构呢？取而代之的是微小的晶体结构，这会大大改善陶瓷的特性。

在了解了陶瓷结构对其性能的影响之后，科研人员就利用一些高纯度的人工材料，以取代烧制传统陶瓷所使用的天然原料，并且对制作工艺也进行了改进。科技人员用一些材料完全取代含有硅酸盐的天然原料，也能烧制成陶瓷。这种新型陶瓷的性能获得了极大的提高。为此，人们也把这种新型陶瓷称为“先进陶瓷”。

“先进陶瓷”的原料是一些高纯度和超细的人工合成的无机化合物。烧制工艺也大大改进了，采用了一些精密控制的工艺，使烧结的陶瓷性能更好。这种“先进陶瓷”也被称为“高性能陶瓷”或“精细陶瓷”，或“高科技陶瓷”。

新型陶瓷按成分分类，可分为氧化物陶瓷、氮化物陶瓷、碳化物陶瓷、硼化物陶瓷、硅化物陶瓷、硫化物陶瓷和氟化物陶瓷等。这些新型陶瓷满足了一些特殊的要求。

按照性能和用途，“先进陶瓷”还可分为先进功能陶瓷和先进结构陶瓷。从 20 世纪 60 年代以来，陶瓷材料越来越受到重视，这种陶瓷的地位已经堪与金属材料和有机高分子材料并驾齐驱。特别是，随着高技术发展迅速的今天，像具有耐高温、耐腐蚀和电绝缘等高性能的陶瓷有广泛的应用范围。此外，为了满足各种需要，人们要对陶瓷的结构有更加深入的认识，今天的研究和分析工具也有很大的进步。例如，过去要观察陶瓷的结构，只需要光学显微镜；如果要进行更深入的分析，则需要电子显微镜，而且有时还可借助分辨率更高的电镜，以观测到陶瓷的微观结构。

从陶瓷历史的发展，中国人在2000年前完成了从陶器向瓷器的转折，完成了陶瓷史上的第一次飞跃。在20世纪中叶，从传统陶瓷发展到先进陶瓷，从而完成了陶瓷史上的第二次飞跃。今天，人类又面临着第三次飞跃。这次飞跃应该说是从先进陶瓷向纳米陶瓷的迈进。

什么叫纳米陶瓷呢？纳米陶瓷是指陶瓷的显微结构达到纳米量级的水平。这种显微结构是借助于显微分析装置来观察材料的内部组织。

从微观结构上讲，先进陶瓷由许多晶粒组成，呈现多晶体结构。如果用尺寸的量级来命名，先进陶瓷的显微结构大都是微米的量级水平，晶粒尺寸为1～10微米。打个比方说，如果有一个1厘米^{3}的容积，这差不多能容纳10^{10}个晶粒。不过，纳米陶瓷的显微结构要更精细，晶粒的尺寸能达到1～100纳米。同样的比方是，1厘米^{3}内能容纳的晶粒是10^{19}个。可见，纳米陶瓷的晶粒更加细小。

当然，晶粒大小变化只是问题的一个方面，这种变化会引起陶瓷性能上的巨大变化。

我们知道，所谓晶体，它的内部的原子排列是非常规则的；而非晶体主要是它内部的原子呈现不规则的排列，也没有规则的外形和固定的熔点。常见的非晶体有玻璃、石蜡、松香等。有趣的是，纳米陶瓷既不属于晶体，也不属于非晶体。纳米陶瓷的原子排列使纳米陶瓷具备了一些新的性能。由于晶粒的细微，使陶瓷的气孔更小了，常规陶瓷所具有的缺陷在纳米陶瓷中就更少了，甚至还能制造出无缺陷的陶瓷。当然，要获得纳米陶瓷还有一段路要走，如制备方法和成型与烧结的工艺，都还要不断地探索。

诺贝尔化学奖中的憾事

1949年，在联邦德国的马克斯·普朗克学会（简称“马普学会”），著名的化学家齐格勒（1898～1973）与他的助手正在实验室工作。他们正在进行催化剂的研究，这种催化剂的名称是三乙基铝。他们借助三氢化铝与乙烯生成三乙基铝，促成反应的温度条件是在60～80摄氏度。

在实验开始后，齐格勒的助手并未注意到对反应温度的控制。当助手看温度计时，温度已经上升到100摄氏度了。助手也慌了神儿了。看着温度计显示的温度还在上升，助手表现的只是束手无策。

按说，只要把通入乙烯的开关关闭就行了。由于反应器中的三氢化铝和乙烯是按比例混合的，如果三氢化铝已经消耗光，反应就会自动中止。若继续通入乙烯，反应器内的气体压强就会增大，可能还会引起爆炸。虽然情况有些危险，齐格勒还是很镇定；而且仔细观察之后，齐格勒发现，虽然乙烯继续通入反应器中，但反应器内的压强并未升高，似乎也没有爆炸的危险。

这个意外虽是偶然发生的，齐格勒的思考却在继续。他重新进行实验很多次，终于在1953年，齐格勒发表了一篇重要的文章。他认为，用三乙基铝-四氯化钛作催化剂，可使乙烯在低温和低压下进行聚合，并获得一种短链的聚乙烯。

关于聚乙烯的工艺，这曾是著名的德国帝国化学公司的专利。这家公司生产聚乙烯是借助高温和高压的方法。具体来说，先把纯净的乙烯气体通入管壁很厚的无缝钢管中。这种无缝钢管是用不锈钢制作的。乙烯气体要经受（2500～2800）$\times 10^5$ 帕的高压，温度也达 300～330 摄氏度；再用氧气使乙烯与乙烯连接成长链分子。这就形成了聚乙烯高分子材料。

帝国化学公司生产聚乙烯的高压设备是非常昂贵的，还要消耗大量的能量，所生产出的聚乙烯长链分子的排列并不整齐。测量的数据表明，一个聚乙烯长链分子的主干架上，就平均来说，约每 100 个碳原子就会伸出两个支链。这些支链约有 4 个碳原子。这样的结构对聚乙烯的性能是有所影响的。

如果采用齐格勒发明的催化剂，比起帝国化学公司的设备，生产聚乙烯的温度和压强都低得多，消耗的能量也少得多。这样生产的聚乙烯就被称为低压聚乙烯，它的长链分子较为整齐，差不多每 1000 个碳原子只伸出 5 个支链，每个支链只有 1～2 个碳原子。此外，低压聚乙烯的性能得到很大的改善。如高压聚乙烯的密度为 0.91～0.95 克/厘米^3，结晶度仅为 50%，熔点约 110 摄氏度。而低压聚乙烯的密度则提升到 0.94～0.96 克/厘米^3，结晶度可达 70%以上，熔点也提高到 130 摄氏度以上，特别是抗拉强度提高了 3～

4 倍。

由于生产聚乙烯的催化剂研制得很成功，齐格勒的成果还转让给意大利的一家公司。这家公司有一位高级技术顾问，名叫纳塔（1903～1979）。他是米兰聚合物技术学院的教授。纳塔仔细地研究了齐格勒的催化剂，在 1954 年发表了对催化剂进行改进的论文。他还成为获取有应用价值的聚丙烯材料的研究专家。

所谓的乙烯和丙烯，在天然气和石油中含量很高，后来乙烯被开发出生产聚乙烯的工艺，但是对于丙烯的聚合则未能成功。不过，人们一直在寻找聚合丙烯的方法。当时能得到的丙烯聚合物只是一种黏稠物，尚不能形成固体的材料，纳塔的研究表明，这是由于黏稠物中分子的排列并不整齐。如果能提高高分子排列的规整性，这才能得到聚丙烯。

借助分子结构的知识，人们对丙烯聚合物进行了分析。通常，聚合物的结构有 3 种形式。如果将分子的主干架放在一个平面上，甲基（$-CH^3$）都处在平面的一侧，这种结构被称为全同立构。如果这些甲基一个在一侧、一个在另一侧，它们交替排列，这种结构被称为间同立构。如果甲基排列是完全无序或无规则的，则被称为无规立构。

对于丙烯来说，如果呈现的是黏稠状，则说明它是无规立构的状态。只有使分子排列成全同立构，在常温下聚丙烯才是固体的，并可以纺成丝，制成纤维或别的制品。正是这种分子结构的知识才使科研人员了解到材料（宏观上）的性能与（微观上）结构是相关的，科学家必须仔细设计材料的分子结构，以得到理想性质的材料。

正是这种观点，它启发纳塔去寻找实现具有全同立构或间同立构的聚丙烯的途径。为此，纳塔提出新的理论，以说明他如何改进齐格勒催化剂的理论，进而说明催化剂如何形成全同立构或间同立构的聚丙烯。后来，人们按照齐格勒—纳塔的理论，不仅合成了丙烯的聚合物，而且在合成其他的聚合物也发挥了指导的作用，如乙丙橡胶和异戊二烯橡胶等。

合成聚乙烯的成功，使聚乙烯成为人们应用于生产和生活中的重要材料。聚乙烯在塑料中的密度最小，可在120摄氏度的温度下长期使用。它无毒、无臭，耐（折叠）疲劳，成纤维的性能也很好。这些优良的性能使聚乙烯具有广泛的用途，如包装、绳索、纤维、食品容器，等等。

由于齐格勒和纳塔在聚合理论上的创新，他们一起荣获了1963年度的诺贝尔化学奖。不过，令人遗憾的是，二人都没有出席颁奖的仪式。纳塔是重病缠身，无法到达颁奖现场；而齐格勒认为，纳塔窃取了他的成果，他不想与纳塔一起出席这样的仪式。而且，直到他们先后去世，他们也一直未曾谋面。不过，他们的理论创新则表明，要重视物质的微观研究，借此来说明材料在宏观上的性能展示，为此提出“分子设计”的观点，希望能制备出性能更好的材料。

可导电的塑料

说到材料的导电性能，科学家把材料分成3类：导

（电）体、绝缘体和半导体。像塑料和橡胶之类的（大部分）高分子材料都具有良好的电绝缘性能，所以，高分子材料可用于制作电插座和插头，导电线的包覆材料，还有电器的壳体等。但是，随着高分子材料研究的不断发展，居然有的塑料可以导电。这是为什么呢?

所谓高分子化合物是相对分子数高达几千乃至几百万，甚至还要高的一类化合物。所以，又被称为“高聚物”或“大分子化合物”。聚乙烯就属于这种高分子材料。由于高分子化合物还可与别的不同形状、不同组分、不同性质的化合物构成新的复合材料，所以它们又被称为“高分子复合材料”。

提取这些材料，话题还要回到纳塔。他在世界上首次合成聚丙烯，并且从 1958 年开始把乙炔合成聚合物的研究。尽管从理论上展望，研究的前景很好，纳塔也很有信心，但结果是令人失望的。直到 1979 年，纳塔去世，他仍然未能实现乙炔的聚合。

纳塔的设想非常美妙。不仅他自己全身心地投入其中，在研究工作中，他与一些人还发生了竞争的局面。比如，日本科学家白川英树也于 1960 年开始研究乙炔的聚合，这样，经过 10 年后，白川英树坚持了下来，但收获甚微。不过，在白川英树的实验室来了一位朝鲜籍的学生。他也参与了白川英树的聚合物研究。由于这位学生的日语听力较差，在听着白川英树的吩咐时，学生听得并不明白，没有搞清楚一些数据。所以，学生在实验时，把催化剂的浓度提高了很多，达到了 100 多倍。不过竟然出现了“奇迹”。他们合成了一张聚乙炔的薄膜。白川英树非常高兴，毕竟取得初步的成功了。

对于聚乙炔各种性能的测定是很严格的，白川英树在测量结果中发现了一个奇特的性质，即聚乙炔竟可以导电。我们知道，确定材料的性能，可用电阻率或电导率表示。其中电导率与电阻率成反比。如果用电导率来对衡量材料的导电性能，所使用的单位是西门子/厘米。与电阻率相反，电导率越高，则说明材料的导电性能越好。如果测定高分子材料，它们的电导率在 $10^{-18}\sim10^{-12}$ 西门子/厘米。这说明它们的绝缘性能很好，基本上是不导电的。白川英树合成的聚乙炔，虽然导电的性能并不好，但它的电导率可达 10^{-10} 西门子/厘米。比一般的高分子材料的电导率提高了百倍，大者竟提高亿倍（即提高 10^{8} 倍）。

白川英树不仅运气好，得到高导电性能的高分子材料，而且表现出很好的品德。他认为，依靠他个人的力量，许多问题是他难以解决的，如果能与别的科学家合作，研究会更加顺利些。为此，白川英树将他的研究结果公开了。

当时，美国宾夕法尼亚大学的物理学教授麦克弟阿密特来到时，他仔细参观了白川英树的工作环境，并表示愿意与白川英树合作研究。

麦克弟阿密特的特长是在单晶硅中掺杂。这通常是制作晶体管或集成电路的重要的和基本的工艺。在研究聚乙炔时，麦克弟阿密特发挥他的特长，对聚乙炔进行掺杂研究。当然，他要与白川英树讨论掺杂什么物质。经过艰苦的探索，他们于1977年取得了重要的成就。他们用白川英树的方法制作聚乙炔薄膜，他们把碘作为掺杂剂。在掺入适量的碘之后，电导率提高到 100 西门子/厘米。这也就是说，比起普通聚乙炔的电导率又提高了 1 万亿倍。这的确是一个巨大的进步。

麦克弟阿密特与白川英树的合作可以看成是物理学家与化学家合作的典范，他们各自发挥各自的特长，终于在一个有趣的结合点上生长出了有益的东西。不过，是否已经尽善尽美了呢?!

从聚乙炔的研究开始，高分子化学家难以解决的问题，被半导体物理学家麦克弟阿密特解决了。不过他们获得的材料，从电导率看，这种材料只属于半导体的范围。是否还将研究更加深入呢？当时联邦德国的一位高分子专家开始进行研究，他的名字是纳尔曼。

利用白川英树的催化剂方法，纳尔曼获得了聚乙炔。他又对这种材料进行了必要的处理，再仿照麦克弟阿密特的方法进行掺杂，使材料的电导率提高到 10^5 西门子/厘米（提高了 3 个数量级），这就使聚乙炔成为导体。这发生在 1987 年，可见，为提高这 3 个数量级，又花去了 10 年的时间。

在导线之类的线材中，金、银和铜的电导率都很高，但铜的价格较低，得到了普遍的应用。其实，铜的电导率就是 10^5 西门子/厘米。可见，纳尔曼的聚乙炔的导电性能与铜差不多，而且聚乙炔的性质很稳定。此后，又有人对聚乙炔的方法进行改进，竟使其电导率达到 10^6 西门子/厘米，已经超过了铜的电导率。

从纳塔到纳尔曼的研究过程，时间跨度是 1958～1987

年，差不多30年了。具有优良导电性能的聚乙炔诞生了。其实，聚乙炔只是具有导电性能的塑料中的一种。人们对导电塑料的研究热情依旧不减，在一些研究文章中，除了寻找新的能导电的高分子材料，人们还深入地研究这些材料导电的机制，甚至还涉及其超导的性质。在这里只略加涉及它们的应用情况。

研究发现，可以导电的聚乙炔基本上可将太阳光的各种成分吸收进来，因此是用作太阳能电池的理想材料。有些透明的导电聚合物还可制作透光的导电膜，甚至人们把某种导电聚合物制成发光二极管。

导电聚合物可通过掺杂工艺，也可使用脱杂工艺，使材料的导电性质可以产生不同的变化，特别是使这些材料的吸收光谱发生变化。这样的材料常常被用于制作“电致变色”的显示器件。

材料的研究已进入到微观的领域。要用到微观科学的知识，特别是涉入到纳米科学的范围。这样看来，微观领域的科学知识不仅能用在宇宙学的研究中，能用在像核能技术的开发上，还能用在已经非常成熟的化学理论中，特别是材料技术的研究中。可以想见，微观科学的知识还将继续发挥作用，推动着社会的进步。

八、碳元素的极端世界

碳材料是人类打交道最久的材料之一。在碳材料中，石墨是平庸的材料，金刚石是名贵的材料。这不仅表现在金刚石的硬度是最高的（它是刚玉的 4 倍，石英的 8 倍），而且宝石级金刚石又称为“钻石”。由于钻石的光泽灿烂，晶莹剔透，并被誉为“宝石之王”。又由于钻石的价格昂贵，它的占有者往往被作为衡量个人和国家富裕程度的标志之一。达不到宝石级的金刚石常常视为工业用金刚石，以其超硬性被广泛用于机电、光学、建筑、交通、冶金、地质勘探和国防等工业领域和现代高新技术领域。当然，碳材料远不止金刚石，在今天仍在书写着传奇。

石墨与金刚石

碳是一种很常见的元素，很早就被人认识和利用，一系列碳化合物——有机物更是生命之根本。在生物上是重要的分子，生物体内大多数分子都含有碳元素。

碳的存在形式是多种多样的，有晶态单质碳如金刚石和石墨；有无定形碳如煤；有复杂的有机化合物如动植物等；碳酸盐如石灰石和大理石等。单质碳的物理和化学性质取决于它的晶体结构。高硬度的金刚石和柔软滑腻的石墨其晶体结构是不同的。

金刚石的成分是碳，为什么金刚石有那么大的硬度呢？例如，制造铅笔芯的材料是石墨，成分也是碳，然而石墨却是一种比人的指甲还要软的矿物。金刚石和石墨的硬度为什么会有如此大的差距呢？

1913 年，英国的物理学家威廉·亨利·布喇格(1862～1942) 和他的儿子威廉·劳伦斯·布喇格（1890～1971）用 X 射线观察金刚石，研究金刚石内原子的排列。他们发现，金刚石晶体内部的每一个碳原子都与周围的 4 个碳原子紧密结合，形成一种致密的三维结构。这使金刚石的密度达到每立方厘米约 3.5 克，大约是石墨密度的 1.5 倍。正是这种特殊的结构，使得金刚石具有最大的硬度。

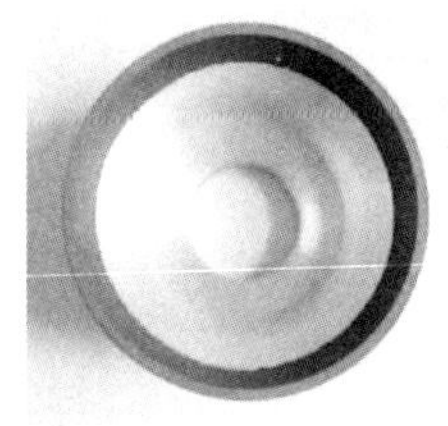

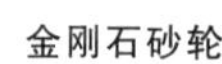

金刚石锯片

钻石

石墨和金刚石都属碳的单质形态，二者的化学式都是 C。虽然化学性质完全相同，但金刚石和石墨的元素相同，只属于同素异形体，所不同的是物理结构特征。

金刚石的熔点是 3550 摄氏度，石墨的熔点是 3652～

3697摄氏度（升华）。石墨熔点高于金刚石。石墨原子间构成正六边形是平面结构，呈片状；金刚石原子间是立体的正四面体结构。从片层内部来看，石墨是原子晶体；从片层之间来看，石墨是分子晶体，而金刚石是原子晶体。石墨晶体的熔点反而高于金刚石，似乎不可思议。

石墨是碳质元素结晶矿物，它的结晶格架为六边形层状结构。石墨的英文名称是graphite，源于希腊文，写成拉丁文是graphein，意思是“用来写”（用于制作铅笔芯材），是由德国化学家和矿物学家沃纳于1789年命名的。

石墨质软，黑灰色，有油腻感，还是最耐温的矿物之一。石墨薄片具有滑感，易污手，具有良好的导电性和导热性。石墨的润滑性能取决于石墨鳞片的大小，鳞片越大，摩擦系数越小，润滑性能越好。

作耐火材料的石墨可用来制造石墨坩埚，也常用石墨作冶金炉的内衬。在电气工业上用作制造电极、电刷、碳棒、碳管、石墨垫圈和电话零件，以及电视机显像管的涂层等。石墨在机械工业中常作为润滑剂。石墨还可用作中子减速剂用于原子反应堆中，铀—石墨反应堆是原子反应堆的一种堆型。世界上第一座反应堆就是铀—石墨堆型。在国防工业中还用石墨制造固体燃料火箭的喷嘴、导弹的鼻锥、宇宙航行设备的零件，以及隔热材料和防射线材料。石墨还可作颜料和抛光剂等。

石墨还是制造铅笔芯、墨汁、黑漆、油墨和人造金刚石不可缺少的原料。

●最坚硬的碳——金刚石

金刚石是自然界中最坚硬的物质，因此也就具有了许多重要的工业用途，如精细研磨材料、高硬切割工具、各类钻头，主要用于制造钻探用的探头和磨削工具，还被用于制作精密仪器的部件。在自然条件下，金刚石的形成极为不易，是碳在高温高压的条件下历经亿万年的生成过程形成的。今天，人类已可以生产出人造金刚石，但质量和大小还远远不及天然金刚石。

人类对金刚石的认识和开发具有悠久的历史。早在公元前 3 世纪古印度就发现了金刚石。金刚石有多种颜色，从无色到黑色都有，但呈现透明、半透明或不透明，以无色的金刚石为特佳。多数金刚石大多带些黄色。金刚石的折射率非常高，色散性能也很强，这就是金刚石为什么会反射出五彩缤纷的原因。金刚石在 X 射线照射下会发出蓝绿色荧光。金刚石一般为粒状，如果将金刚石加热到 1000 摄氏度时，它会缓慢地变成石墨。

金刚石具有超硬性、耐磨性和传热导性等优异的物理性能，素有“硬度之王”和“宝石之王”的美称。

金刚石矿物晶体构造属四面体型构造。碳原子位于四面体的角顶及中心，具有高度的对称性。四面体的每个面都是正三角形，它的 4 个顶点又与周边的 4 个正四面体的中心相重合。因此看上去，金刚石的切面平整光滑，棱角分明，当

常林钻石

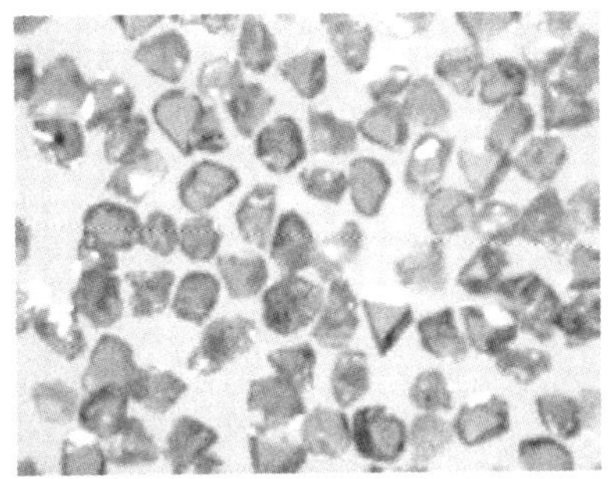

金刚石

光照时，金刚石表面表现得光芒外射。这种性质使金刚石成为制作饰品的最佳原料。

虽然早在1世纪的文献中就有了关于金刚石的记载，可是在此后1600多年中，人们始终不知道金刚石的成分。直到18世纪下半叶，法国化学家拉瓦锡等人进行在氧气中燃烧金刚石的实验，所得到的是二氧化碳气。二氧化碳中的碳就来源于金刚石。这证明了组成金刚石的材料是碳。

金刚石是碳在高温高压条件下的结晶体。在欧洲，它的名称来源于希腊文Adamas，意为坚硬无敌。金刚石是一种稀有、贵重的非金属矿产，在国民经济中具有重要的作用。金刚石按用途分为两类：质优粒大可用作装饰品的称宝石级金刚石，质差粒细用于工业的称工业用金刚石。

珠宝中的贵族——钻石

钻石就是宝石级的金刚石，是珠宝中的贵族。它通明剔透，散发着清冷高贵的光辉，颇有“出淤泥而不染”的气质。钻石是自然界最坚硬无比的物质，硬度是最高的。钻石由于折射率高，在光照下显得熠熠生辉，成为最受关注的宝石，巨钻更是价值连城。略带深颜色的钻石的价值还要高。目前，最昂贵的有色钻石要数带有微蓝的水蓝钻石。

钻石是一种纯碳矿物。钻石的硬度最高，钻石的切削和加工必须使用钻石粉来进行。钻石的密度为 3.5 克/厘米^3，折射率为 2.417。钻石不仅硬度大，熔点极高。形状完整的钻石还用于制造首饰之类的高档饰品，价格昂贵。钻石因为具有高反射率，它的反射临界角较小，全反射的范围宽，反射光量大，从而显出很高的亮度，对于白光的反射作用特别强，这种非常强烈的反光就叫作金刚光泽。

人类同金刚石打交道有悠久的历史。在古罗马的著名博物学家普林尼的《博物志》中有一个“钻石之谷”的故事。

相传，毒蛇是金刚石的“守护神”。公元前 4 世纪中叶，伟大的马其顿国王亚历山大在统一希腊，打败波斯之后，又东征印度。希腊人曾在一个深坑中发现钻石，但有许多毒蛇“守护”，这些毒蛇可以在离深坑一定距离的地方就使人毙命。亚历山大命令士兵用镜子反光（聚光），将毒蛇烧死，然后把羊肉扔进坑内，坑中的钻石就粘在羊肉上面，羊肉引来了秃鹰，秃鹰连羊肉带钻石吃进腹内飞走后，士兵跟踪追杀秃鹰以得到钻石。后来的罗马人还没有把金刚石当作装饰用的宝石，只是利用它们的硬度，当成雕琢工具使用。但是，自公元 1 世纪起，钻石一直是国家与王宫贵族和达官显贵的财富、权势与地位的象征。

中国古人常常把有这种强反光特性的钻石统称为“夜明

珠”。在印度的一个深谷中有钻石，白天受到太阳紫外线照射的钻石，在夜间会发出淡青色的荧光。这些荧光也许吸引了许多有趋光性的昆虫飞来，昆虫又引来大量的青蛙，青蛙又招来毒蛇，环环相扣，就成了有钻石的深谷中也有许多毒蛇的原因。

钻石是如何产生的？古人是全然不知的。直到 1866 年，南非的一位名叫伊拉兹马斯·雅可比的少年在一个河滩上玩耍，捡到了一块重 21 克拉的钻石。它立即被英国的总督送到巴黎的万国博览会（1867～1868）上展览，并取名为“尤瑞卡”（希腊语，意思是“我找到了”，这也是因阿基米德而成为名言）。当人们听到在南非发现金刚石的消息，使成千上万的探宝者拥到奥兰治河，寻找金刚石的矿藏。在这些探宝者中，伯纳特兄弟俩非常幸运，他们于 1870 年在金伯利附近发现了一座钻石矿。正是这一发现，使人们知道了钻石通常蕴藏在金伯利岩中，也知道在哪种岩石中有可能含有钻石。

“点石成金”的莫瓦桑

在评选 1906 年度诺贝尔化学奖时，法国化学家亨利·莫瓦桑成了候选人。而另一个候选人便是以建立元素周期律出名的科学家门捷列夫。在投票表决时，10 名委员中有 5 名投莫瓦桑的票，有 4 票投给门捷列夫，还有 1 票弃权。结果莫瓦桑以一票的优势而获奖。1907 年门捷列夫和莫瓦桑都相继逝世了。可是门捷列夫失掉了再被评选的可能，这不能不说是诺贝尔颁奖历史上的一大遗憾！

莫瓦桑（1852～1907）曾“制伏”了最活泼的非金属而又毒性非常大的元素氟，还发明了高温电炉以熔炼钨、钛、钼和钒等高熔点金属，因此成为著名的科学家。

1792年，经法国科学家拉瓦锡用实验证明了金刚石和石墨是碳的同素异形体，这才弄清楚金刚石是由纯净的碳组成的。丹麦著名的物理学家奥斯特从电流流过导线，并在与导线相垂直的平面内发现磁场，谓之电流磁效应，反过来，人们还梦想着从磁作用产生电的效应。简单地说，这是“电生磁”和“磁生电”两种互逆的效应。在人造金刚石也有类似的“效应”梦想之前，1799年，法国化学家摩尔沃把一颗金刚石转变为石墨。人们“动用”逆向思维，试想，能把石墨转化成金刚石吗？此后，人们热心研究把石墨转化为金刚石的方法，谁能获得这个“点石成金”的“秘方”呢？

莫瓦桑先利用他发明的高温电炉制取了碳化硅和碳化钙，这是否能实现“点石成金”呢？他先试验制取氟碳化合物，再除去氟以制出金刚石，但未成功。他又设想利用高温电炉，当铁化成铁液时，把碳投入铁液中，而后把渗有碳的铁液倒入冷水中，借助铁的急剧收缩时所产生的压力，迫使铁中的碳原子能有序地排列成正四面体的大晶体。再用稀酸溶去铁，就可得到金刚石。这个设想似乎可行，他和助手一次一次地试验。1893年2月6日，当他和助手用酸溶去铁后，在石墨残留物中，出现了一颗0.7毫米大小的晶体！经检测，这颗晶体真是金刚石。他终于得到了梦寐以求的“希望之星”。他们还将这颗金刚石命名为“摄政王”。

人造金刚石的成功使本来因研制氟和高温电炉而著名的莫瓦桑，更加名噪一时。1906 年瑞典诺贝尔基金会宣布，把相当于 10 万法郎的奖金授给莫瓦桑。这是“为了表彰他在制备元素氟方面所做出的杰出贡献，还表彰他发明的莫氏电炉”，在颁奖词中对人造金刚石的事也加以赞扬。

其实，莫瓦桑“成功”的人造金刚石试验只进行了一次，他本人没再进行第二次，却浸沉在“成功”的美誉之中。在莫瓦桑去世后，“人造”的真相才被揭露出来。据说，由于助手对无休止的试验感到厌烦，他便悄悄地把一颗天然金刚石混迹到实验中去了。虽然不能说莫瓦桑有意骗人，但莫瓦桑并没有重复进行试验。应该说，诺贝尔奖授奖者的眼睛是明亮的，他们并没有为金刚石的商业价值所迷惑，更看重莫瓦桑在化学实验上的成就。

从理论上说，对于金刚石的正四面体晶体结构和石墨的层状结构，这在 1910～1920 年才有所认识。要把石墨转变为金刚石包含许多因素。1938 年，科学家根据热力学理论研究石墨－金刚石的转化过程。

1946 年，诺贝尔物理奖颁给美国科学家布里奇曼(1882～1961)。颁奖原因是他开发出极高压的技术，在高压物理领域内所做出的一些重要发现。至此，人造金刚石已具备了可能性。1955 年，美国通用电气公司专门制造了高温高压静电设备。美国科学家霍尔等人在 1650 摄氏度和 95 000个大气压下，制成了金刚石。他们进行了各种理化检测，确证制成物为金刚石，从而开创了工业规模生产人造金刚石磨料的先河。这是人类历史上第一次合成人造金刚石。这离莫瓦桑宣称制成金刚石已有 62 年了，莫瓦桑逝世也近半个世纪了。可知莫瓦桑的试验是在高温下，以铁水急剧冷却收缩所获得的压力，顶多只有几千个大气压，这可能实现从石墨到金刚石的转化吗？

人造金刚石

18 世纪末，人们发现金刚石与石墨竟是碳的同素异形体。人造金刚石也就成为科技人员的梦想。是否能让石墨在超高温高压的环境下转变成金刚石。

世界金刚石矿产资源不丰富，远不能满足宝石与工业消费的需要。20 世纪 60 年代以来，人工合成金刚石技术兴起，至 90 年代日臻完善，人造金刚石几乎已完全取代工业用天然金刚石，其用量占世界工业用金刚石消费量的 90％以上，在中国甚至已达 99％以上。

金刚石矿被开采出来，需经多道处理挑选，再从中获得毛坯料。在毛坯的金刚石料中也只有 20％可作首饰用途的钻坯，而大部分只能用于切割、研磨和抛光等工业用途上。估计，要得到 1 克拉重的钻石，要开采处理大量的矿石，采获率相当低；若是从成品钻中挑选出美钻，那比例就更小了。

人工合成金刚石的方法主要有两种，高温高压法和化学气相沉积法。化学气相沉积法仍主要存在于实验室中。高温高压法技术已非常成熟，并形成产业。中国的人造金刚石产量很高，为世界第一。

人造金刚石主要是在工业中大有可为。它的硬度高、耐磨性好，可广泛用于切削、磨削、钻探，可制造金属结合剂磨具、陶瓷结合剂磨具或研磨用等，制造一般地层地质钻探钻头、半导体和非金属材料切割加工工具等。它优良的透光性和耐腐蚀性，在电子工业中也得到广泛应用。由于它的导热率高和电绝缘性好，还可作为半导体器件的散热板。金刚石薄膜也已应用在半导体电子器件、光学和声学器件、压力加工工具和切削加工工具等方面，其发展速度惊人，在高科技领域更加诱人。

目前，世界上已有十几个国家（包括我国）均合成出了金刚石。但这种金刚石因为颗粒很细，主要用途是用于磨料，用于切削和地质、石油的钻井用的钻头。

最初合成的金刚石颗粒呈黑色，重约 0.1 克拉（用于宝石的金刚石一般最小不能小于 0.1 克拉）。美国和日本已制成 6.1 克拉多的金刚石。金刚石已从石墨中“飞”出，也许宝石级的人造金刚石也会在不久的将来供应于市场。

用人工方法使非金刚石结构的碳转变为金刚石结构的碳，并且通过成核和生长形成单晶和多晶金刚石。具体地说，或把细粒金刚石在高压高温下烧结成多晶金刚石，或利用超高压高温技术，使石墨等碳质原料从固态或熔融态直接转变成金刚石，这种方法得到的金刚石是微米尺寸的多晶粉末。中国科学家发明的一种方法是，把四氯化碳和钠在 700

摄氏度反应，会生成金刚石，同时也会生成大量的石墨。2010 年 12 月，日本科学家成功合成了世界上最坚硬的金刚石，这种金刚石的直径可超过 1 厘米。这种圆柱形的金刚石是日本爱媛大学研究人员与住友电器工业公司合作的结果，被命名为“媛石”，取自“爱媛”。“媛石”是目前世界上最坚硬的人工金刚石，比普通金刚石坚硬得多。

人造金刚石产品

圆柱形的“媛石”

“化陈腐为神奇”的克罗托

关于碳的知识，它的无机物并不是很多，但是，讲到有机物，几乎都是碳化物。关于碳的结构，常见的是无定形的碳，还有石墨和金刚石。由于石墨和金刚石的结构相差太大，二者的硬度有天壤之别。

在 19 世纪下半叶，关于有机物中的苯，它的结构一时很令人迷惑，也令研究者头痛。在 1865 年，据说，德国化学家凯库勒（1829～1896）曾在梦境之中，看到一条舞动的蛇，它的嘴衔着尾巴，呈现着首尾相连的样子。这启发了他的灵感，为此他提出，由 6 个碳原子构成的环状的六边形结构。这种苯或苯环化合物对有机化学理论与技术的发展产生了重要的影响。克罗托的“笼形”假设差不多是重演了凯库勒的发现过程，并且为碳“家族”增加了新的成员；而且就像凯库勒研究之后的发展；碳 60 也衍生出一个庞大的家族，也许可以产生出大量的化工产品。

石墨物贱，但仍未被科学家抛弃，他们研究它，并试图“化陈腐为神奇”，甚至要“点碳成金”。他们还并不只是想一想，而是写出文章，还登载在 1966 年的《新科学家》（英国的杂志）上。作者把石墨做成空心的样子，像“气球”的样子。两年后，科学家发现，在太空中有大量的有机分子，这种分子也被称为“星际分子”。这是英国非常重要的发现，并被誉为 20 世纪 60 年代的四大发现之一。

能不能找到更多种类的星际分子呢？

在凯库勒发现苯环的 100 多年后，1975 年，年轻的英国科学家克罗托就想找到一些新的星际分子。由于恒星进入“晚年”时，就会极度膨胀，变成红巨星。这时，恒星上大量的氢物质被消耗，但这时的核聚变产物已经是碳。因此在太空中的星际分子中应该有大量的碳。克罗托曾设想，如果温度急剧下降，大量的碳原子就会形成一种碳原子链，一种新型的分子。

克罗托的想法会被证实吗？他与助手在观测天体时，发现了一些分子，是有些像碳分子。在 1981 年的学会会议上，他报告了他们的新发现。同时，克罗托也注意到，有人在实验室中看到含有 33 个碳原子的分子。这样的碳分子在太空中果然存在吗？

在 1984 年，克罗托去美国德克萨斯开会，在会上还见到了他的老朋友、赖斯大学的柯尔。会后。他到柯尔家作客，还到书店去“淘书”。不过，在这时，他还一直在想着长长的碳链。在到达柯尔家后，柯尔还把他的一位同事介绍给克罗托。这位同事就是斯莫利（1943～2005）。由于都是同行，他们自然谈得很投机。斯莫利的实验室还有一个制作分子的机器，这也成了他们谈话内容的一部分。柯尔向克罗托介绍了斯莫利的工作。

第二天，克罗托与斯莫利一起到了斯莫利的实验室，并且看到了那“神奇的”机器。克罗托还看到机器合成的新物质。斯莫利还让克罗托看了他们合成的碳化硅。由于碳和硅是同族的元素，化学性质很相似。在这架机器中能不能合成出长长的碳链分子呢？

当克罗托向柯尔谈过之后，柯尔认为，这是一个不错的想法，并向斯莫利提出了合成长链碳分子的想法。斯莫利似乎没有太大的兴趣，斯莫利觉得，对于碳的结构，化学家已经研究得很多了，也取得了许多的成果，还能从中淘出什么“金块”吗？

当克罗托再次到赖斯大学时，他向同行们通报了他们在天体寻找含碳分子的可能性。很快，他们利用这架神奇的机器合成了具有 60 个碳原子的分子。不过，他们发现的这 60 个碳原子应是怎样组合起来的呢？

克罗托在思考这个实验时，他想到建筑学家布克曼斯特·富勒的一座建筑。早在1967年，在加拿大蒙特利尔举办过世界博览会。在举办的城市中通常要建一些新式建筑，以彰显这个城市的特色。建筑师们在投标时，都要绞尽脑汁设计出很特别的样式和结构。例如，在2008年奥运会的举办城市北京就建成了名为“鸟巢”的体育场。在蒙特利尔也如此，建筑师富勒设计出一种“古怪的”网格穹顶样式。在博览会期间，克罗托恰在蒙特利尔市做博士后。他经常推着儿童车，载着小儿子在这个“大球”中逛好几圈。

远看上去，“大球”的每个边呈弧形，或看上去像弧形。这些边构成了一个球体，像个“笼子”。可是，这样一个“笼子”的结构是真实的吗？

克罗托、柯尔和斯莫利都在思考着60个碳原子的结构问题。克罗托还曾设想了一种“三明治”的结构，分子有4层原子。每层原子的数量大致是6∶24∶24∶6。不过克罗托马上就发现，这种结构是缺乏活性的。在研究之后，他们发现，如果这些原子形成一个“笼子”那就会很稳定。可是，这样的“笼子”应该是一个什么样子呢？

其实，我们在观察许多东西时，似乎只关心样子，并不注意细节。克罗托在讲到这个网状大球时，也只是回忆起，一些网格是六边形的。可这是如何拼起来的呢？他们就用很“笨”的办法来拼接。克罗托还想起与儿子一起玩拼板的游戏。他剪出六边形的纸板，好像还要一些五边形的纸板。而且要拼出60个格点的大球，克罗托还是有些把握的。

实验人员也试图制作更多的碳60，并且发现，这些碳分子像碳化硅的结构。为此，斯莫利到图书馆去寻找资料，以启发新的思路，特别是要检索出富勒的书，看他是如何设计的。阅读富勒的书，书中有许多图片，的确是受到了一些启发。

克罗托虽然想彻底破解碳 60 的奥秘，但他在赖斯大学已待的时间太长了，该回英国了。为了感谢赖斯的同行们，克罗托设宴招待大家。在宴席上，碳 60 仍是一个谈得最多的话题。甚至在宴会后，克罗托还到实验室做最后一搏，以求取得进展。他们中有一些人用牙签扎着小软糖块，或者是用纸板糊起来，但是都没有什么进展。斯莫利回到家中，全无睡意，他就启开了一瓶啤酒，边喝边思索着。克罗托说过，除了六边形，好像还有五边形。

也许是啤酒发挥了作用，斯莫利觉得，先把 5 个六边形拼接在一起，再加五边形和六边形各 5 个，这就形成了一个半球形。这时，斯莫利数出了 40 个格点，已经构成了多半个“球形”；再增加两排五边形和六边形，就只剩下一个五边形的空间了。

斯莫利长长地吁了一口气。他又仔细地数了格点数，正好 60 个。这个“球”共包括 12 个正五边形和 20 个正六边形。这样的形状恰好是一个非常漂亮的球形结构，好像个“笼子”。

到第二天早上，斯莫利来到办公室，他向小组的成员展示了这个纸质的“笼子”。克罗托看过后最兴奋，这与他家中的那个玩具一样。但是，60 个碳原子为什么要如此地连接在一起呢？还要认真地研究碳与碳之间的共价键。共价键是科学工作者非常熟悉的，很快，他们就建立起碳 60 的模型了。

其实，读者中如果有足球运动的爱好者，许多人都知道，这个纸质的“笼子”不过是一个纸质的足球。足球大都是用皮子连缀起来的，其中包含有 32 块小皮块，12 块黑色的五边形皮子，20 块白色的六边形皮子。为此，小组中的一个成员特地到商店买了一个足球。果然如此。

下一步是用塑料球和塑料棍把碳 60 拼接起来，一个真切的碳 60 模型结构就出来了。这个崭新的结构大大推进了人们对碳的认识，而且竟然像个足球。为此，人们将它命名为“足球烯”。又由于他们受到富勒的建筑的启发，碳 60 也被称为“富勒烯”。

开始，科学界对这个“怪物”并未理会，关键是，论证这样的结构也不是一件容易的事。到 1989 年，德国科学家克雷希梅尔在氮气中进行石墨放电，产生了一些“松烟”。他竟然获得了碳原子簇，为全面研究碳 60 提供了更好的途径。

由于许多科学家都参与了研究，最终，克罗托的假设（笼球）是正确的。这样，对于碳的同质异构体，除了石墨和金刚石之外，人们研制出（人工的）碳 60。

进一步的研究，使科学家对这种笼形的球有了更多的认识。尤其是，碳的笼球形结构，其碳原子数并不限于 60 个。后来，人们又相继发现了碳 20、碳 24、碳 28、碳 32、碳 36、碳 50、碳 70、碳 84……不过，它们与碳 60 相比，结构还不够稳定。在这些同质异构体中，较稳定的还有碳 70 和碳 50。

在这些结构中，它们的正六边形和正五边形的个数是不同的，如碳 70，它由 25 个正六边形和 12 个正五边形组成。碳 70 也是一个笼球状。经过几何学上的论证，人们认识到，碳 20 是可能存在的最小的中空笼状分子。

石墨是层状的结构，每个平面层呈正六边形；每层之间的连接很弱，整体上看去没有棱角，折光现象也没有。它的硬度也很低，适宜制作固体中的润滑剂。不过在高温高压下进行锻压时，石墨的结构会发生极大改变，甚至形成金刚石，这样的金刚石被称为“人造金刚石”。虽然品相并不理想，但硬度还是很高的，也可用于制作刀具和钻具等。

碳 60 的直径只有 $7.1\times10^{\ 10}$ 米，即 0.71 纳米，而最邻近的两个球之间的球心距离为 1.02×10^{-9} 米，即约 1 纳米。这些位于正五边形和正六边形的碳原子的结合程度非常紧密，而且这些碳原子还可与一些无机或有机的基团结合，以生成众多的衍生物。从碳 60 的尺寸看，两个球之间的距离与半导体材料的结构有相似之处，这说明，碳 60 可以在电子材料、通信材料或计算机元件的开发工作中有所作为。

由于碳 60 有一个空腔，它可以容纳一些金属原子，以形成一些“包含物”。例如，把钾离子或镧离子装入碳60 的“笼子”中。1992 年，北京大学的研究人员将锡离子装入碳 60 的笼球之中，这种包含物具有超导性能，其超导转变温度为－236 摄氏度。还有人将碳 60 与氢反应，生成 $C_{60}H_{18}$，而且还能返回碳 60，并形成带负电的碳 60 离子。利用这样的作用可以制作充电电池。由于这种新型电池的容量很大，而且干净，所以适宜制作汽车的动力，还无污染。

不可思议的石墨烯

在最近的20年中，碳元素引起了世界各国研究人员的极大兴趣。自富勒烯和碳纳米管被科学家发现以后，三维的金刚石、“二维”的石墨烯、一维的碳纳米管、零维的富勒球组成了完整的碳系家族。石墨并非是真正意义的二维材料，单层石墨碳原子层只是准二维结构的碳材料。

石墨与金刚石、碳60、碳纳米管等都是碳元素的单质，它们互为同素异形体。人们常见的石墨是由一层层以蜂窝状有序排列的平面碳原子堆叠而形成的，石墨的层间作用力较弱，很容易被分层剥离，形成石墨薄片。当把石墨片一层一层地剥成单层，这种只有一个碳原子厚度的单层就是石墨烯。

石墨烯是一种由碳原子构成的单层片状结构的新材料，是一种由碳原子组成六角型呈蜂巢晶格的平面薄膜，是只有一个碳原子厚度的二维材料。过去，石墨烯一直是一种只具有理论意义上的“材料”，一种假想的材料，无法单独存在。直到2004年，英国曼彻斯特大学物理学家安德烈·海姆和康斯坦丁·诺沃肖洛夫从石墨中分离出石墨烯，从而证实它可以单独存在，两人也因“在二维石墨烯材料的开创性实验”一起获得2010年诺贝尔物理学奖。在制作石墨烯时，他们找到从石墨中剥离出石墨片的方法。他们将薄片的两面粘在一种特殊的胶带上，撕开胶带，胶带粘下一层石墨，这就能把石墨剥离成一片一片的。经过反复地如此操作，使石墨薄片越来越薄，最后得到了仅由一层碳原子构成的薄片，这就是石墨烯。此后，经过5年的发展，人们发现，使石墨烯制作工艺进入工业生产的领域已为时不远了。

海姆和诺沃肖洛夫都出生于俄罗斯，都曾在苏联的莫斯科工程物理学院学习，也曾一同在荷兰学习和从事研究工作，最后他们又一起在英国制备出了石墨烯。他们制备的石墨烯是世界上最薄的材料，仅有一个碳原子厚。石墨烯的导电性高度稳定，即使被切成1纳米宽的元件，导电性能也很好。

石墨烯目前是世界上最薄却也是最坚硬的纳米材料，超过了碳纳米管和金刚石。它几乎是完全透明的，导热系数很高。石墨烯为目前世界上电阻率最小的材料，因为它的电阻率极低，电子迁移的速度极快，因此被期待着用于发展出更薄、导电速度更快的新一代电子元件或晶体管。如果利用石墨烯制成单电子晶体管可在室温下工作。而作为热导体，石墨烯比目前任何其他材料的导热效果都好。

石墨烯的碳原子排列与石墨的单原子层相似，石墨烯的命名来自英文的graphite（石墨）＋－ene（烯类词尾）。从学理上讲，石墨烯被认为是平面多环芳香烃原子晶体。石墨烯结构稳定，碳原子的连接很柔韧，受到外力时，石墨烯的面会发生弯曲，其中的碳原子不必借助重新排列来适应外力，并保持稳定的结构。正是这种结构使石墨烯具有优秀的导热性。在常温下，周围碳原子发生挤撞，石墨烯内部电子受到的干扰也非常小。

石墨烯是已知材料中最薄的一种，质料非常牢固坚硬。石墨烯是迄今为止世界上强度最大的材料。如果用石墨烯制成厚度相当于膜（厚度约 100 纳米），那么它将能承受大约两吨重物品的压力，并不会断裂。石墨烯比钻石还坚硬，强度比世界上最好的钢铁还要高上百倍。如果物理学家们能制取出厚度相当于普通食品塑料包装袋的（厚度约 100 纳米）石墨烯，那么需要施加差不多两万牛顿的压力才能将其扯断。换句话说，如果用石墨烯制成包装袋，那么它将能承受大约一吨重物品的重压。根据石墨烯超薄和强度超大的特性，石墨烯可被广泛应用，比如超轻防弹衣、超薄超轻型飞机材料等，甚至能让科学家梦寐以求的 3.7 万千米长太空电梯成为现实。优异的导电性使它在微电子领域也具有巨大的应用潜力。石墨烯有可能会成为硅的替代品，制造超微型晶体管，用来生产未来的超级计算机使未来的计算机获得更高的速度。

石墨烯是世界上导电性最好的材料，电子在其中的运动速度达到了光速的 1/30，远远超过了电子在一般导体中的运动速度。2011 年 4 月，IBM 的研究人员向媒体展示了他们研发的石墨烯晶体管，该产品每秒能执行 1550 亿个循环操作，比以前的试验用晶体管快 50%。在纳米电子器件方面的应用，石墨烯可能最终代替硅生产超级计算机。石墨烯的出现在科学界激起了巨大的波澜，人们发现，石墨烯有望在现代电子科技领域引发一轮革命。由于电子和原子的碰撞，传统的半导体和导体用热的形式释放了一些能量，目前一般的电脑芯片以这种方式浪费了 72%～81%的电能，石墨烯则不同，它的电子能量不会被损耗，这使它具有了非同寻常的优良特性。

石墨烯还会以光子传感器的面貌出现，这种传感器可用于检测光纤中携带的信息。IBM 的一个研究小组曾宣布，他们研制石墨烯光电探测器后，再研制基于石墨烯的太阳能电池和液晶显示屏。因为石墨烯有很好的透明性，用它制造的电板透光性更好，可以应用于晶体管、触摸屏等，用石墨烯制作的光电化学电池可以取代基于金属的有机发光二极管。中国一家石墨烯研究单位发布消息，他们研制成功全球首款手机用石墨烯电容触摸屏。

用石墨烯制成的低成本电池或将实现“一分钟充电”。美国研究人员利用锂离子可在石墨烯表面和电极之间快速大量穿梭运动的特性，开发出一种新型储能装置，可将充电时间从过去的数小时之久缩短到不到一分钟。

目前，作为导电性能和机械性能都很优异的材料，素来有“黑金子”之称的石墨烯在中国市场上的价格近 10 倍于黄金，超过 2000 元/克。

由于成果要经得起时间考验，许多诺贝尔科学奖项都是在成果获得后十几或几十年后才颁发。石墨烯材料的制备成功后 6 年，海姆和诺沃肖洛夫就获得了诺贝尔奖，这使诺沃肖洛夫感到意外。他说：“听说这个消息时，我非常惊喜，第一个想法就是奔到实验室告诉整个研究团队。”他的同事海姆则表示，“我从没想过获诺贝尔奖，昨天晚上睡得很踏实”。海姆认为，获得诺贝尔奖的有两种人：一种是获奖后就停止了研究，至此终老一生再无成果；一种是生怕别人认为他是偶然获奖的，因此在工作上倍加努力。“我愿意成为第二种人，当然我会像平常一样走进办公室，继续努力工作，继续过平常的生活。”

尾声

人类生活在大自然之中，关于宇宙的题目很多，也是人们常常议论的内容。在20世纪科学的发展中，宇宙学研究的开启联系着爱因斯坦，至今，爱因斯坦创立的广义相对论仍是研究宇宙学的基本工具，依然发挥着作用。在宇宙中，人们利用物理学与化学的知识，不只改变人们对宇宙的认识，也创造着宜人的环境，改善着人们日用的物品。

就世界观来看，从宇观上看，人类对宇宙的认识大大深化了，大爆炸的宇宙膨胀理论已成为宇宙演化的基本理论，并且为一次又一次的深度观测所证实。从宏观上讲，人们的日用之物也有了极大的发展，近几十年的化学纤维制品极大地影响着人类的生活，还有像移动硬盘这样的物品既包含着物理学的原理，又体现着精准的技术；当然，像光纤通信这样的“寻常”技术，经过百余年的发展，也从实验中的“游戏”到医生手中的窥镜，再到现代的高技术手段，这都体现着高超技术“极端的”品质。

科学家在未来必须探索更微观的世界，建造更高能的加速器进行对撞实验具有重要意义。高能物理学家王贻芳表示，希格斯粒子发现后，中国应该利用成熟的环形加速器技术建造希格斯粒子工厂，来研究世界上最先进的研究课题。而世界上最先进的科研项目同时能吸引更多杰出青年学者和世界顶级科学家来工厂。杰拉德·特霍夫还强调指出，希格斯粒子的发现进一步验证了标准模型的准确性，但它并非完美。下一代高能物理对撞机的建设，将会给人们的认识带来一次革命。戴维·格罗斯表示，中国筹划进行的加速器实验将会和中国的万里长城一样引人瞩目。